高等院校互联网+新形态创新系列教材·计算机系列

C51 单片机实验与实践
(微课版)

李成勇　张军诚　钟馨怡　主　编

陈　黎　罗小波　赵星月
　　　　　　　　　　　　　副主编
　　崔　丰　董　钢

清华大学出版社
北京

内容简介

本书是单片机相关课程的实验及课程设计指导书，参照单片机与接口技术课程的知识架构，把实验内容从简单到复杂分为了三个部分：第一部分为基础实验部分(实验一至实验二十)，内容包括软件工具安装及使用实验、单片机 IO 口控制 LED 灯实验、数码管动静态显示实验等 20 个实验；第二部分为综合实验部分(实验二十一至实验二十七)，内容包括可以调控的走马灯设计实验、用数码管设计的可调式电子钟实验等 7 个实验；第三部分为课程设计部分(实验二十八至实验三十)，内容包括超声波测距报警装置设计、烟雾火灾报警器设计等 3 个实验。

本书适合学习单片机相关课程实验及课程设计的读者阅读。同时本书还可以作为电子信息类专业的加深化课程用书或单片机设计工程师的参考用书。

本书封面贴有清华大学出版社防伪标签，无标签者不得销售。
版权所有，侵权必究。举报：010-62782989，beiqinquan@tup.tsinghua.edu.cn。

图书在版编目(CIP)数据

C51 单片机实验与实践：微课版 / 李成勇，张军诚，钟馨怡主编. -- 北京：清华大学出版社，2024.8.
(高等院校互联网+新形态创新系列教材). -- ISBN 978-7-302-66755-1

Ⅰ．TP368.1

中国国家版本馆 CIP 数据核字第 2024S2T195 号

责任编辑：孟　攀
封面设计：杨玉兰
责任校对：徐彩虹
责任印制：杨　艳

出版发行：清华大学出版社
网　　址：https://www.tup.com.cn, https://www.wqxuetang.com
地　　址：北京清华大学学研大厦 A 座　　邮　编：100084
社 总 机：010-83470000　　邮　购：010-62786544
投稿与读者服务：010-62776969, c-service@tup.tsinghua.edu.cn
质量反馈：010-62772015, zhiliang@tup.tsinghua.edu.cn
课件下载：https://www.tup.com.cn, 010-62791865

印 装 者：三河市龙大印装有限公司
经　　销：全国新华书店
开　　本：185mm×260mm　　印　张：13.25　　字　数：322 千字
版　　次：2024 年 8 月第 1 版　　印　次：2024 年 8 月第 1 次印刷
定　　价：39.80 元

产品编号：099484-01

前　　言

　　本书作为单片机相关课程的实验及课程设计指导书，选编了 30 个有代表性的实验，实验内容从基础到综合，让使用者能够快速入门。

　　本书依托教材建设项目(项目编号：C20210029)编写，突出实际应用的特色，以生活中常见的实物为实验案例，如秒表等制作等。综合项目训练，注重培养学生的全面动手能力，把培养硬件仿真能力、传感器应用能力、综合编程能力的训练融于一体。每个实验都给出了实现步骤，读者按照步骤操作即可完成实验，降低了实验操作的难度。每个实验中有能力提升部分，为学习兴趣高的读者留下了提升空间。

　　本书参照单片机与接口技术课程的知识架构，把实验内容从简单到复杂分为了三个部分。第一部分为基础实验部分，包括实验一至实验二十，内容分别为软件工具安装及使用实验、单片机 IO 口控制 LED 灯实验、数码管动静态显示实验、LED 点阵显示实验、矩阵键盘按键实验、1602 液晶显示实验、10 秒秒表设计实验、定时器控制流水灯设计实验、中断实现门铃设计与仿真实验、100 以内按键计数实验、外部中断计数实验、甲机通过串口控制乙机 LED 实验、单片机之间双向通信实验、直流电机转动实验、步进电机 1 相驱动方向控制实验、74LS138 译码器应用实验、74HC595 串入并出芯片应用实验、74LS148 扩展中断实验、ADC0808 PWM 应用实验、BCD 译码数码管显示数字实验；第二部分为综合实验部分，包括实验二十一至实验二十七，内容分别为可以调控的走马灯设计实验、用数码管设计的可调式电子钟实验、LED 点阵屏仿电梯数字滚动显示实验、篮球计分计时器设计实验、密码锁设计实验、定时报警器制作实验、模拟交通灯制作实验；第三部分为课程设计部分，包括实验二十八至实验三十，内容分别为超声波测距报警装置设计、烟雾火灾报警器设计、自动浇水系统设计。

　　由于所有实验均涉及单片机系统、程序设计等课程的多个知识点，上机实验前应充分做好以下准备工作。

(1) 复习和掌握与本次实验有关的教学内容。
(2) 根据本次实验的内容，在纸上编写好准备上机调试的程序，并初步检查无误。
(3) 准备好对程序进行测试的数据。
(4) 对每种测试数据，给出预期的程序运行结果。
(5) 预习实验步骤，对实验步骤中提出的一些问题进行思考。

上机实验后，应及时写出实验报告，实验报告应包括以下内容。

(1) 实验目的和内容。
(2) 实验原理说明，包括所用到的知识点。
(3) 调试正确的电路及源程序。
(4) 运行记录(包括对不同测试数据的运行结果)。

(5) 针对实验中出现的问题,写出解决办法及对运行结果的分析。

本书在编写过程中得到了相关领导、老师和同学的大力支持和帮助,在此对本书的出版付出辛勤劳动的各位参与者表示最衷心的感谢!

由于编者水平有限,书中难免存在疏漏,敬请广大读者批评指正。

编 者

目录

第一部分　基础实验部分 1

　　实验一　　软件工具安装及使用实验 2
　　实验二　　单片机 IO 口控制 LED 灯实验 9
　　实验三　　数码管动静态显示实验 14
　　实验四　　LED 点阵显示实验 20
　　实验五　　矩阵键盘按键实验 27
　　实验六　　LCD1602 液晶显示实验 34
　　实验七　　10 秒秒表设计实验 46
　　实验八　　定时器控制流水灯设计实验 53
　　实验九　　中断实现门铃设计与仿真实验 59
　　实验十　　100 以内按键计数实验 64
　　实验十一　外部中断计数实验 70
　　实验十二　甲机通过串口控制乙机 LED 实验 75
　　实验十三　单片机之间双向通信实验 81
　　实验十四　直流电机转动实验 88
　　实验十五　步进电机 1 相驱动方向控制实验 95
　　实验十六　74LS138 译码器应用实验 107
　　实验十七　74HC595 串入并出芯片应用实验 111
　　实验十八　74LS148 扩展中断实验 116
　　实验十九　ADC0808 PWM 应用实验 120
　　实验二十　BCD 译码数码管显示数字实验 126

第二部分　综合实验部分 133

　　实验二十一　可以调控的走马灯设计实验 134
　　实验二十二　用数码管设计的可调式电子钟实验 136
　　实验二十三　LED 点阵屏仿电梯数字滚动显示实验 140
　　实验二十四　篮球计分计时器设计实验 144
　　实验二十五　密码锁设计实验 154
　　实验二十六　定时报警器制作实验 162
　　实验二十七　模拟交通灯制作实验 169

第三部分　课程设计部分 175

　　实验二十八　超声波测距报警装置设计 176

实验二十九 烟雾火灾报警器设计 184

实验三十 自动浇水系统设计 195

参考文献 205

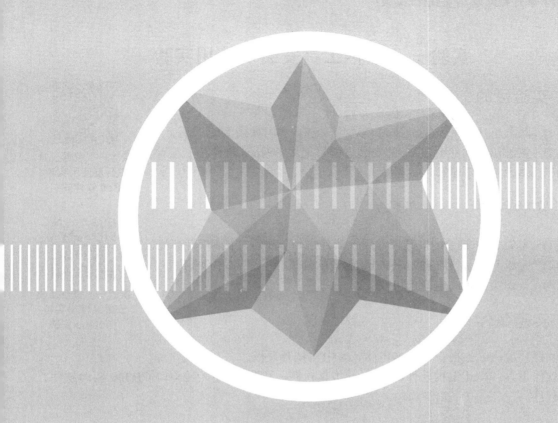

第一部分

基础实验部分

实验一　软件工具安装及使用实验

一、实验目的

(1) 熟悉单片机开发工具 Keil 软件的安装，学习使用 Keil 软件。
(2) 熟悉仿真软件 Proteus 的安装，学习使用 Proteus 软件。
(3) 熟悉整个调试程序的过程。

实验一　软件工具安装及使用实验-Keil 软件安装

实验一　软件工具安装及使用实验-Proteus 安装

二、实验任务

(1) 完成 Keil 软件的安装，并用该软件进行一个程序的编写和调试。
(2) 完成 Proteus 软件的安装，并用该软件进行一个电路的搭建和调试。
(3) 认识实验箱的电路模块。

三、实验条件

硬件环境：学生自带笔记本电脑、普中科技开发板。

软件工具：Keil 编程软件、Proteus 仿真软件、开发板 USB 转串口 CH340 驱动软件、烧写软件。

四、实验原理

1. Keil 软件

Keil 软件由德国 Keil Software/Keil Elektronik 开发，近几年在我国得到迅速普及，我国使用的一般是比较稳定的 6.2 版本及最新的 7.0 版本。Keil 软件公司的 8051 单片机软件开发工具可用于众多的 8051 派生器件，以实现嵌入式应用。

1) 开发工具清单
(1) C51 为优化的 C 编译器；
(2) A51 为宏汇编器；
(3) BL51 为代码连接器/定位器；
(4) OC51 为目标文件转换器；
(5) OH51 为目标十六进制转换器；
(6) LIB51 为库文件管理器；
(7) Windows 版 dScope-51 模拟器/调试器；
(8) Windows 版 μVision/51 集成开发环境。

这些工具都集合在一个套件内。工具套件是几个应用程序的集合，这些程序用来创建 8051 应用系统，使用汇编器汇编 8051 汇编程序，使用编译器将 C 源代码编译成目标文件，使用连接器创建一个绝对目标文件模块供仿真器使用。

2) 项目开发周期及流程

使用 Keil 的开发工具其项目开发周期和任何软件开发项目都大致一样，主要有：

(1) 创建 C 或汇编语言的源程序；
(2) 编译或汇编源文件；
(3) 纠正源文件中的错误；
(4) 从编译器和汇编器连接目标文件；
(5) 测试连接的应用程序。

2. Proteus 软件

Proteus 软件是英国 Lab Center Electronics 公司出版的 EDA 工具软件。它不仅具有其他 EDA 工具软件的仿真功能，还能仿真单片机及外围器件。它是比较好的仿真单片机及外围器件的工具受到单片机爱好者、从事单片机教学的教师、致力于单片机开发应用的科技工作者的青睐。

Proteus 从原理图布图、代码调试到单片机与外围电路协同仿真，一键切换到 PCB 设计，真正实现了从概念到产品的完整设计，是将电路仿真软件、PCB 设计软件和虚拟模型仿真软件三合一的设计平台，其处理器模型支持 8051、HC11、PIC10/12/16/18/24/30/DSPIC33、AVR、ARM、8086 和 MSP430 等，2010 年又增加了 Cortex 和 DSP 系列处理器，并持续增加其他系列处理器模型。在编译方面，它也支持 IAR、Keil 和 MATLAB 等多种编译器。

五、实验内容及步骤

本次实验的内容包括：①Keil 软件的安装；②Proteus 软件的安装；③Keil 软件的工作环境及各菜单的用法。其步骤如下。

(1) 运行 Keil C51 编辑软件，软件界面如图 1-1 所示。

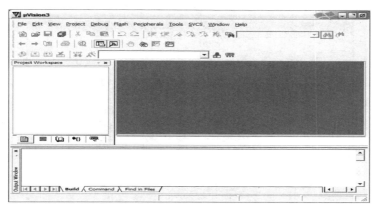

图 1-1 软件界面

(2) 建立一个新的工程项目。

单击 Project 菜单，在弹出的下拉菜单中选择 New Project 命令(这种情况也可表述为"在菜单栏中选择 Project/New Project 命令")，建立工程文件如图 1-2 所示。

(3) 保存工程项目。

① 选择要保存的文件路径，输入工程项目文件的名称，如保存的路径为 C51 文件夹，工程项目的名称为 C51，单击"保存"按钮，如图 1-3 所示。

图 1-2　建立工程文件

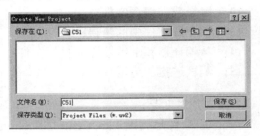

图 1-3　保存工程项目

② 为工程项目选择单片机型号。接下来在弹出的对话框中选择需要的单片机型号，如图 1-4 所示，这里选择以 8051 为内核的单片机中使用较多的 AT89S51，选定型号后，单击"确定"按钮，出现如图 1-5 所示的开发平台界面。

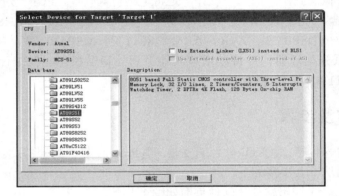

图 1-4　为工程项目选择单片机型号

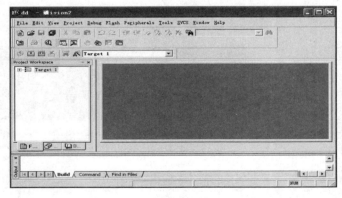

图 1-5　选定型号后的开发平台界面

(4) 新建源程序文件。

单击 File 菜单，弹出的下拉菜单如图 1-6 所示，在弹出的下拉菜单中执行 New 命令，新建文件后打开如图 1-7 所示的界面。

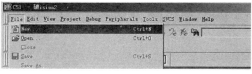

图1-6　File 菜单

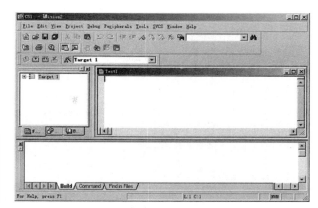

图1-7　新建文件后得到的界面

(5) 保存源程序文件。

单击 File 菜单，在弹出的下拉菜单中执行 Save 命令，在弹出的对话框中选择保存的路径及源程序的名称，如图 1-8 所示。此时光标在编辑窗口里闪烁，这时可以键入用户的应用程序代码了，建议首先保存该空白的文件，单击 File 菜单，在弹出的下拉菜单中执行 Save As 命令，在"文件名"栏右侧的编辑框中，键入欲使用的文件名，同时必须键入正确的扩展名。注意，如果用 C 语言编写程序，则扩展名为(.c)；如果用汇编语言编写程序，则扩展名必须为(.asm)。然后，单击"保存"按钮。

(6) 为工程项目添加源程序文件。

在编辑界面中，单击 Target 文件夹图标前面的"+"，再在 Source Group 文件夹图标上右击，弹出如图 1-9 所示的快捷菜单，选择 Add File to Group 'Source Group1' 命令，选中要添加的源程序文件，单击 Add 按钮，得到如图 1-10 所示的界面，同时，在 Source Group 1 文件夹中多了一个添加的 Text1.c 文件。

(7) 输入源程序代码。

源程序代码输入完成后保存，得到如图 1-11 所示的界面。程序中的关键字以不同的颜色提示用户加以注意，这就是事先保存待编辑的文件的好处，即 Keil C51 会自动识别关键字。

图1-8　保存源程序文件

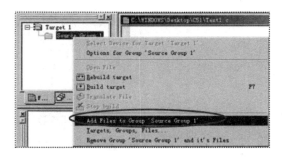

图1-9　选择 Add File to Group
'Source Group 1' 命令

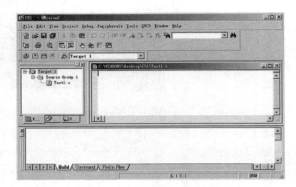

图 1-10　添加的源程序文件

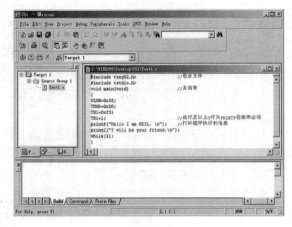

图 1-11　输入源程序

(8) 编译调试源程序。

在如图 1-11 所示的界面中,单击 Project 菜单,在弹出的下拉菜单中选择 Built Target 命令,再单击 Debug 菜单,在弹出的下拉菜单中选择 Start/Stop Debug Session 命令,编译成功后,再单击 Debug 菜单,在弹出的下拉菜单中选择 Go 命令,进行源程序调试,如图 1-12 所示。

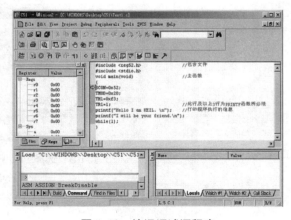

图 1-12　编译调试源程序

(9) 查看分析结果。

单击 Debug 菜单，在弹出的下拉菜单中选择 Stop Running 命令，单击 View 菜单，在弹出的下拉菜单中选择 Serial Windows #1 命令，可以看到程序运行的结果，如图 1-13 所示。

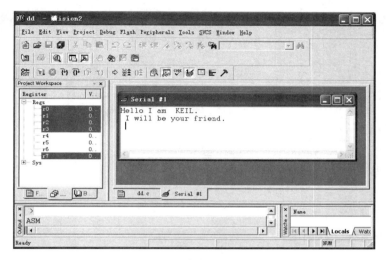

图 1-13　查看分析结果

(10) 生成 HEX 代码文件，即将编译调试成功的源程序生成可供单片机加载的 HEX 代码文件，单击 Project 菜单，在弹出的下拉菜单中选择 Options for Target 'Target 1' 命令，在弹出的对话框中切换到 Output 选项卡，选中其中的 Create HEX File 复选框，其他选项可以不考虑，如图 1-14 所示。

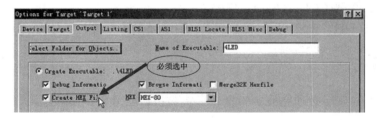

图 1-14　生成 HEX 代码文件

至此，一个完整的工程项目就在 Keil C51 软件上就编译完成。把生成的.HEX 代码烧写到 8051 芯片中，完成软件程序到 HEX 代码的转换。

下面介绍通过实例掌握电路图的绘制方法。绘制电路的具体步骤如下：

(1) 新建设计项目及电路图。
(2) 添加元件库。
(3) 调入并摆放元器件，需要时修改参数。
(4) 连线。
(5) 电源地线的选择及连接。

电路图图例如图 1-15 所示。

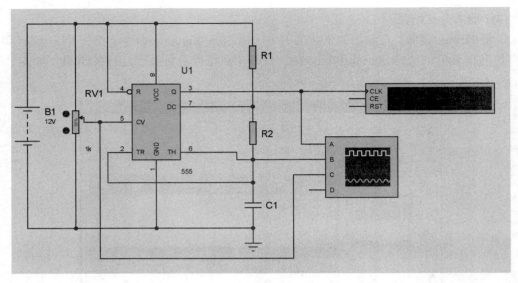

图 1-15　电路图图例

图 1-5 中各元件名称如下。
- 电源(battery)：此图中标注为 B1，12V。
- 滑动变阻器(pot-hg)：此图中显示的 86%，数值可变。
- 定时器 555：为通用单双极型定时器。
- 电阻(resistor)：图中标注 R1、R2 等。
- 电容(cap)：此图中标注为 C1。
- 虚拟仪器：示波器(OSCILLOSCOPE)。
- 定时/计数器(COUNTER TIMER)。

其中：R1=6.3kΩ，R2=10kΩ，C1=1μF，图中运算放大器的型号为 741。

六、实验报告

学生在实验结束后必须完成实验报告。实验报告必须包括实验预习、实验原理、实验记录三部分内容。实验记录应该忠实地描述操作过程，并提供操作步骤以及调试程序的源代码。

具体实验报告的书写按照实验报告纸的要求逐项完成。

七、其他说明

(1) Keil C51 软件在使用调试中，可能会出现的各种录入错误和程序语法错误，学生要学会排除错误。

(2) 在进行 Keil C51 软件编译时，要注意软件参数设置。

(3) 在进行 Proteus 软件仿真时，要注意与 Keil C51 软件之间互调设置。

实验二 单片机 IO 口控制 LED 灯实验

一、实验目的

(1) 熟悉 Proteus 单片机仿真软件。
(2) 熟悉 Keil C51 软件。
(3) 掌握单片机 I/O 口输出的控制方法。
(4) 理解并掌握 LED 发光原理,掌握限流电阻计算方法。
(5) 理解单片机模糊延时方法原理。
(6) 能完成单片机最小系统和输出电路设计。
(7) 能应用 C 语言程序完成单片机输入输出控制,实现对 LED 控制的设计、运行及调试。
(8) 会利用单片机 I/O 口实现点亮一个 LED 和控制 LED 闪烁。
(9) 会利用单片机 I/O 口实现控制 LED 循环点亮。

实验二 单片机 IO 口控制 LED 灯实验

二、实验任务

本实验通过搭建单片机能够正常工作的最小系统,让学生了解最小的单片机系统由哪几部分组成。其中发光二极管的正极接 5V 电源,负极接单片机 P1.0 口,通过点亮发光二极管说明构建的单片机最小系统是能够正常工作的。

(1) 按照 Keil C51 集成开发环境的要求,建立一段 P0~P3 口作为输出端口的程序,然后进行编译并进行软件仿真。
(2) 运用 Proteus 软件绘制原理图,控制 P0~P3 输出端口,以控制 32 位 LED 流水灯的造型。

三、实验条件

硬件环境:学生自带笔记本电脑、普中科技开发板。
软件工具:Keil 编程软件、Proteus 仿真软件、开发板 USB 转串口 CH340 驱动软件、烧写软件。

四、实验原理

1. 并行 I/O 口电路结构

MCS-51 系列单片机共有四个 8 位并行 I/O 口,分别用 P0、P1、P2、P3 表示。每个 I/O 口既可以按位操作使用单个引脚,也可以按字节操作使用 8 个引脚。

1) P0 口的作用

当 P0 口作为输出口使用时,内部总线将数据送入锁存器,内部的写脉冲加在锁存器时钟端 CP 上,锁存数据到 Q 端。经过 MUX、T2 反相后正好是内部总线的数据,送到 P0

口引脚输出。

当 P0 口作为输入口使用时，应区分读引脚和读端口两种情况。读引脚，就是读芯片引脚的状态，这时使用下方的数据缓冲器，由"读引脚"信号把缓冲器打开，把端口引脚上的数据从缓冲器通过内部总线读进来。

读端口是指通过上面的缓冲器读锁存器 Q 端的状态。读端口是为了适应对 I/O 口进行"读—修改—写"操作语句的需要。例如下面的 C51 语句：

P0=P0&0xf0;　//将 P0 口的低 4 位引脚清 0 输出

除了 I/O 功能以外，在进行单片机系统扩展时，P0 口是作为单片机系统的地址/数据线使用的，一般称为地址/数据分时复用引脚。

当输出地址或数据时，由内部发出控制信号，使"控制"端为高电平，打开与门，并使多路开关 MUX 处于内部地址/数据线与驱动场效应管栅极反相接通状态。此时，输出驱动电路由于两个场效应管(FET)处于反相，形成推拉式电路结构，使负载能力大为提高。输入数据时，数据信号直接从引脚通过输入缓冲器进入内部总线，如图 2-1 所示。

2) P1 口的作用

P1 口是准双向口，只能作为通用 I/O 口使用。

P1 口作为输出口使用时，无须再外接上拉电阻。

P1 口作为输入口使用时，应区分读引脚和读端口。读引脚时，必须先向电路中的锁存器写入"1"，使输出级的场效应管截止，如图 2-2 所示。

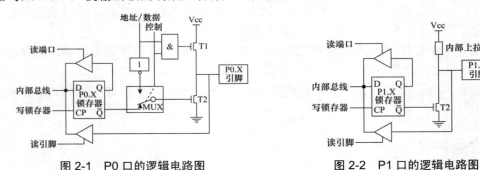

图 2-1　P0 口的逻辑电路图　　　　图 2-2　P1 口的逻辑电路图

3) P2 口的作用

P2 口是准双向口，在实际应用中，可以用于为系统提供高 8 位地址，也能作为通用 I/O 口使用。

P2 口作为通用 I/O 口的输出口使用时，与 P1 口一样无须再外接上拉电阻。

P2 口作为通用 I/O 口的输入口使用时，应区分读引脚和读端口。读引脚时，必须先向锁存器写入"1"，使输出级的场效应管截止。如图 2-3 所示。

4) P3 口的作用

P3 口是准双向口，可以作为通用 I/O 口使用，还可以作为第二功能端口使用。作为第二功能使用的端口，不能同时当作通用 I/O 口使用，但其他未被使用的端口仍可作为通用 I/O 口使用。

P3 口作为通用 I/O 的输出口使用时，不用外接上拉电阻。

P3 口除了作为一般的 I/O 端口外，更重要的用途是它的第二功能。表 2-1 所示为 P3 端口各引脚与对应的第二功能。

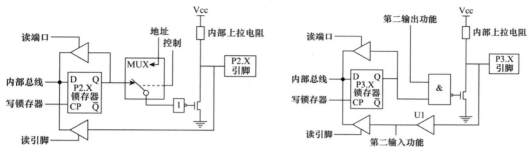

图 2-3　P2 口的逻辑电路图　　　　　图 2-4　P3 口的逻辑电路图

表 2-1　P3 端口各脚与第二功能

引脚的第一功能	引脚的第二功能	第二功能信号说明
P3.0	RXD	串行数据接收
P3.1	TXD	串行数据发送
P3.2	INT0	外部中断 0 申请
P3.3	INT1	外部中断 1 申请
P3.4	T0	定时器/计数器 0 的外部输入
P3.5	T1	定时器/计数器 1 的外部输入
P3.6	WR	外部 RAM 写选通
P3.7	RD	外部 RAM 读选通

2．关于电平特性

数字电路中只有两种电平：高和低。(本课程中)定义单片机为 TTL 电平，其中高电平为+5V，低电平为 0V。

数据表示通常采用二进制，+5V 等价于逻辑 1，0V 等价于逻辑 0。

3．二进制数的逻辑运算

1) "与"运算

"与"运算是实现"必须都有，否则就没有"这种逻辑关系的一种运算。运算符为"·"，其运算规则如下：$0·0=0$，$0·1=1·0=0$，$1·1=1$。

2) "或"运算

"或"运算是实现"只要其中之一有，就有"这种逻辑关系的一种运算，其运算符为"+"。"或"运算规则如下：$0+0=0$，$0+1=1+0=1$，$1+1=1$。

3) "非"运算

"非"运算是实现"求反"这种逻辑的一种运算，如变量 A 的"非"运算记作 $\overline{A}$。其运算规则如下：$\overline{1}=0$，$\overline{0}=1$。

4) "异或"运算

"异或"运算是实现"必须不同，否则就没有"这种逻辑的一种运算，运算符为

"∧"。其运算规则是：0∧0＝0，0∧1＝1，1∧0＝1，1∧1＝0。

4．LED 原理及特性

理解 LED 的工作原理，其工作特性如图 2-5 所示。

Proteus 软件元件库调用及电路设计，LED 驱动电路的连接如图 2-6 所示。

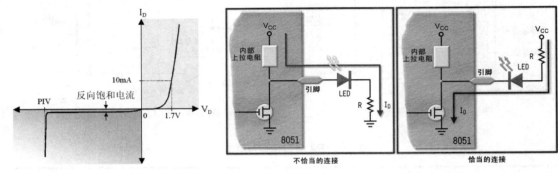

图 2-5　LED 的工作特性　　　　图 2-6　LED 端口驱动电路

五、实验内容及步骤

(1) 单片机 I/O 接口原理图的设计。当单片机 P0～P3 口某位为低电平时，对应的 LED 会亮，反之熄灭，实验二的参考电路仿真图如图 2-7 所示。

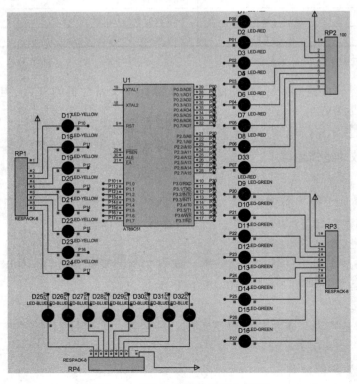

图 2-7　实验二的参考仿真电路图

(2) 打开 Keil C51 集成开发环境，建立一个工程并设计相应程序，完成对 P0～P3 口进行赋值控制 LED 灯的亮灭，并在空白部分添加注释。参考源程序的代码如下：

```c
#include<reg51.h>
#include<intrins.h>
#define uchar unsigned char
#define uint unsigned int
delay(uint t)
{
    uint i,j;
    for(j=t;j>0;j--)
        for(i=110;i>0;i--);
}
main()
{
    uint n=0xfe;
    while(1)
    {
        P1=n;
        delay(1000);
        n=_crol_(n,1);
    }
}
```

(3) 仿真成功后，将代码下载到试验箱继续调试。对程序进行编译、调试，并观察、分析实验现象。

(4) 加入一个按键，控制发光二极管的闪烁。

六、实验报告

学生在实验结束后必须完成实验报告。实验报告必须包括实验预习、实验记录、思考题三部分内容。实验记录应该忠实地描述操作过程，并提供操作步骤以及调试程序的源代码。

实验报告的书写按照实验报告纸的要求逐项完成。

七、其他说明

(1) 描述 32 位 LED 闪烁程序并添加注释。
(2) 把设计的 Proteus 仿真图，写入实验报告。
(3) 思考题：
① 发光二极管怎样才会亮？
② 单片机如何与发光二极管连接？为什么要接一个电阻？
③ 51 单片机的 4 个 I/O 口区别在哪？
④ P3 口的第二功能有哪些？
⑤ 请思考并描述调试工具中单步调试、运行、步入、步出的区别。
⑥ 开发单片机应用系统的一般过程是什么？
⑦ 在 C 程序中，程序总是从哪儿开始执行的？

⑧ C51 中定义一个可位寻址的变量 flag 访问 P3 口的 P3.1 引脚的方法是什么？
⑨ 结构化程序设计的三种基本结构是什么？
⑩ while 语句和 do-while 语句的区别是什么？

(4) 技能提高：独立设计一段代码，要求实现 4 个间隔灯的亮灭，时间间隔控制大约 1s 左右？设计方案如何修改？

评价标准：流程图绘制、硬件电路原理图修改、软件程序修改、软硬件联调、实物连接。

实验三 数码管动静态显示实验

一、实验目的

(1) 熟悉 Keil C51 软件，熟悉 Proteus 单片机仿真软件。
(2) 熟悉 7 段 LED 数码管等输出设备的结构及其工作原理，会编写其驱动程序。
(3) 掌握单片机 I/O 口输出的控制方法，掌握单片机对数码管的静态、动态显示控制方式。
(4) 具备数码管静态、动态显示的硬件原理图设计和程序设计的能力。

二、实验任务

(1) 按照 Keil C51 集成开发环境的要求，设计 1 位七段 LED 数码管显示和 4 位七段 LED 数码管动态显示控制的程序。
(2) 运用 Proteus 绘制原理图，设计与程序一致的输出控制电路，以控制七段 LED 数码管和继电器，实现数码管倒计时到 0 时，继电器吸合并驱动 LED 发光二极管亮。
(3) 运用 Proteus 绘制原理图，在上题的基础上设计输出控制电路，以控制 4 位七段 LED 数码管和继电器，实现数码管计数 9999～0，倒计时到 0 时，继电器吸合并驱动 LED 发光二极管亮。

三、实验条件

硬件环境：学生自带笔记本电脑、普中科技开发板。
软件工具：Keil 编程软件、Proteus 仿真软件、开发板 USB 转串口 CH340 驱动软件、烧写软件。

四、实验原理

1. LED 数码管结构

共阳极数码管每个段笔画是用低电平("0")点亮的，要求驱动功率很小；而共阴极数码管的段笔画是用高电平("1")点亮的，要求驱动功率较大，如图 3-1 所示。

共阳极数码管：仅当段位接低电平，阳极接高电平时，相应位的 LED 才导通发光，如图 3-2 所示。

第一部分 基础实验部分

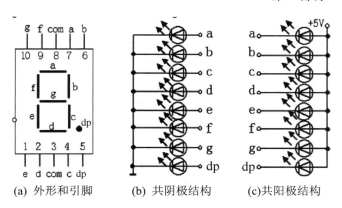

(a) 外形和引脚　　(b) 共阴极结构　　(c)共阳极结构

图 3-1　LED 数码管的结构

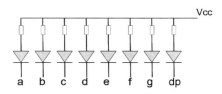

图 3-2　共阳极数码管的结构

以下以共阳极数码管为例说明七段数码管的段位控制。显示数字 0～9 时数码管的状态如图 3-3 所示。

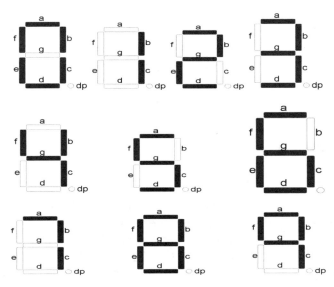

图 3-3　七段数码管显示数字(0～9)

七段数码管的段位控制如下。
显示 0 的编码：

```
dp  g  f  e  d  c  b  a
 0  0  1  1  1  1  1  1
```

显示 1 的编码：

dp	g	f	e	d	c	b	a
0	0	0	0	0	1	1	0

显示 2 的编码：

dp	g	f	e	d	c	b	a
0	1	0	1	1	0	1	1

显示 3 的编码

dp	g	f	e	d	c	b	a
0	1	1	0	1	1	1	1

显示 4 的编码

dp	g	f	e	d	c	b	a
0	1	1	0	0	1	1	0

显示 5 的编码

dp	g	f	e	d	c	b	a
0	1	1	0	1	1	0	1

显示 6 的编码

dp	g	f	e	d	c	b	a
0	1	1	1	1	1	0	1

显示 7 的编码

dp	g	f	e	d	c	b	a
0	0	0	0	0	1	1	1

显示 8 的编码

dp	g	f	e	d	c	b	a
0	1	1	1	1	1	1	1

显示 9 的编码

dp	g	f	e	d	c	b	a
0	1	1	0	1	1	1	1

2. LED 数码管编码方式

LED 数码管编码方式，如表 3-1 所示。

表 3-1 共阴和共阳 LED 数码管几种八段编码表

显示数字	共阴顺序小数点暗		共阴逆序小数点暗		共阳顺序小数点亮	共阳顺序小数点暗
	dp g f e d c b a	十六进制	a b c d e f g dp	十六进制	小数点亮	小数点暗
0	0 0 1 1 1 1 1 1	3FH	1 1 1 1 1 1 0 0	FCH	40H	C0H
1	0 0 0 0 0 1 1 0	06H	0 1 1 0 0 0 0 0	60H	79H	F9H
2	0 1 0 1 1 0 1 1	5BH	1 1 0 1 1 0 1 0	DAH	24H	A4H
3	0 1 1 0 1 1 1 1	4FH	1 1 1 1 0 1 1 0	F2H	30H	B0H
4	0 1 1 0 0 1 1 0	66H	0 1 1 0 0 1 1 0	66H	19H	99H
5	0 1 1 0 1 1 0 1	6DH	1 0 1 1 0 1 1 0	B6H	12H	92H
6	0 1 1 1 1 1 0 1	7DH	1 0 1 1 1 1 1 0	BEH	02H	82H

续表

显示数字	共阴顺序小数点暗 dpgfedcba	十六进制	共阴逆序小数点暗 abcdefgdp	十六进制	共阳顺序小数点亮	共阳顺序小数点暗
7	0 0 0 0 0 1 1 1	07H	1 1 1 0 0 0 0 0	E0H	78H	F8H
8	0 1 1 1 1 1 1 1	7FH	1 1 1 1 1 1 1 0	FEH	00H	80H
9	0 1 1 0 1 1 1 1	6FH	1 1 1 1 0 1 1 0	F6H	10H	90H

3. 动态显示

动态显示是指在某一瞬时显示一位,依次循环扫描(16ms),轮流显示,利用发光二极管的余辉和人的视觉暂留现象,使观众感觉看到的是多位同时稳定显示。其特点为:占用 I/O 端线少,电路简单,但编程复杂,CPU 要定时扫描刷新显示,适用显示位数多的场合。

4. 继电器的结构

继电器的结构如图 3-4 所示。

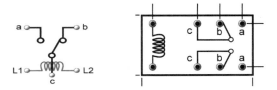

图 3-4　1P 和 2P 继电器的结构原理图

五、实验内容及步骤

(1) 单片机 I/O 接口原理图的设计、驱动 1 位七段 LED 数码管显示电路、控制继电器/发光二极管闪烁电路。实验三的参考仿真电路图 1 如图 3-5 所示。

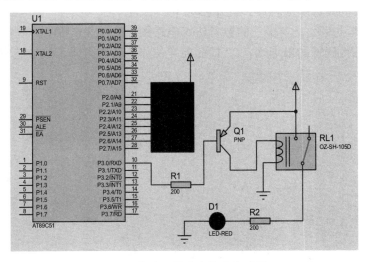

图 3-5　实验三的参考仿真电路图 1

(2) 打开 Keil C51 集成开发环境,建立一个工程并设计相应程序,完成对数码管、继电器和 LED 灯的控制，可在空白部分添加注释。

参考源程序的代码如下：

```c
#include<reg51.h>
#define u16 unsigned int
sbit S0=P3^0;
void de(u16 t)
{
  u16 i,j;
    for(i=0;i<t;i++)
        for(j=0;j<110;j++)
            ;
}
void main()
{
    u16 i,
    ab[10]={0x3f,0x06,0x5b,0x4f,0x66,0x6d,0x7d,0x07,0x7f,0x6f};
    while(1)
    {
        for(i=9;i>=0;i--)
        {
            P2=~ab[i];
            if(i==0)
            {
                S0=0;
                i=9;
            }
            de(1000);
            S0=1;
        }
    }
}
```

(3) 对程序进行编译、调试，观察、分析实验现象。

(4) 实验内容扩展：实现 4 位七段 LED 数码管显示电路，通过控制一个数码管动态显示 0～999999，并设计相应程序。其步骤如下。

① 搭建仿真电路图，实验三的参考仿真电路图 2 如图 3-6 所示。本实验使用 P1 口的 8 个引脚作为动态数码管的段选端，P2 口的前 4 位作为动态数码管的位选端。

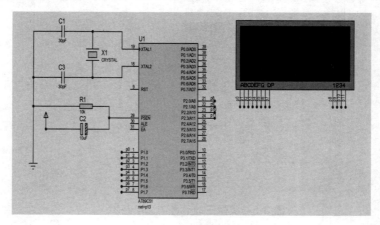

图 3-6 实验三的参考仿真电路图 2

② 把以下程序代码放到 Keil 编译软件工具中,生成 HEX 文件,加载到实验三的参考仿真电路图 2 中,看显示效果。

参考源程序的代码如下:

```
#include"reg51.h"                        //库文件声明
#define uint unsigned int                //宏定义无符号整型常量
#define uchar unsigned char              //宏定义无符号字符型常量
uchar code tab[10]={0x3f,0x06,0x5b,0x4f,
0x66,0x6d,0x7d,0x07,0x7f,0x6f};          //数码管显示 0-9 编码
delay(uint t)   //延时函数
{
        uint i,j;
        for(j=t;j>0;j--)
            for(i=110;i>0;i--);          //执行空语句
}
main()  //主函数
{
    uint n,m,a,b,c,d;
    while(1)
    {
        for(n=0;n<9999;n++)              //确定显示范围 0-9999
            for(m=0;m<11;m++)            //多次扫描显示状态
            {
                a=n%10;                  //分离四位数的个位
                b=n%100/10;              //分离四位数的十位
                c=n%1000/100;            //分离四位数的百位
                d=n/1000;                //分离四位数的千位
                P2=0x01;                 //选通位选端的第 4 个数码管
                P1=~tab[d];              //P1 口送入千位段选码
                delay(20);               //视觉延时
                P2=0x00;                 //去阴影
                P2=0x02;                 //选通位选端的第 3 个数码管
                P1=~tab[c];              //P1 口送入百位段选码
                delay(20);               //视觉延时
                P2=0x00;                 //去阴影
                P2=0x04;                 //选通位选端的第 2 个数码管
                P1=~tab[b];              //P1 口送入十位段选码
                delay(20);               //视觉延时
                P2=0x00;                 //去阴影
                P2=0x08;                 //选通位选端的第 1 个数码管
                P1=~tab[a];              //P1 口送入个位段选码
                delay(20);               //视觉延时
                P2=0x00;                 //去阴影
            }
    }
}
```

(5) 仿真成功后,将代码下载到试验箱继续调试。

六、实验报告

学生在实验结束后必须完成实验报告。实验报告必须包括实验预习、实验记录、思考

题三部分内容。实验记录应该忠实地描述操作过程,并提供操作步骤以及调试程序的源代码。

实验报告按照实验报告纸的要求逐项完成。

七、其他说明

(1) 描述数码管、继电器驱和蜂鸣器动程序并注释。

(2) 把设计的 Proteus 仿真图,写入实验报告。

(3) 思考题:

① 在实际中,数码管显示不是很明显,原因是什么,应该怎么改变让效果更好一点?

② 在静态显示下,单片机最多可以接多少数码管?有没有别的方式可以增加数码管?

③ LED 数码管的静态与动态显示方式主要区别在哪?

④ 一般在什么情况下,在设计电路或者程序时采用数码管动态显示方式?

(4) 技能提高:用图 3-6 的仿真图,在此基础上增加 4 个按键,分别控制 4 个数码管,第一个按键按下第一个数码管显示数字 1,第二个按键按下第二个数码管显示数字 2,第三个按键按下第三个数码管显示数字 3,第四个按键按下第四个数码管显示数字 4,电路如何连接?程序如何修改?

评价标准:硬件电路原理图修改、软件程序修改、软硬件联调、实物连接。

实验四 LED 点阵显示实验

实验四 LED 点阵显示实验

一、实验目的

(1) 熟悉 Proteus 单片机仿真软件和 Keil C51 编程软件。

(2) 熟悉外围设备 LED 点阵的结构和工作原理。

(3) 掌握单片机 I/O 口输出的控制方法,掌握单片机对 LED 点阵静态、轮流、滚动显示的控制方法。

(4) 掌握 LED 点阵在 Proteus 中的名称。

(5) 具备 LED 点阵静态、轮流和滚动显示,硬件原理图设计和程序设计的能力。

二、实验任务

(1) 按照 Keil C51 集成开发环境的要求,设计 LED 点阵静态显示、轮流和滚动显示。

(2) 运用 Proteus 绘制原理图,控制 P1~P2 输出端口,以控制 LED 点阵实现静态显示"小"字。

(3) 运用 Proteus 绘制原理图,控制 P1~P2 输出端口,以控制 LED 点阵轮流显示"0~9"。

(4) 运用 Proteus 绘制原理图，控制 P1～P2 输出端口，以控制 LED 点阵显示字符"LOVE"具有上移效果。

三、实验条件

硬件环境：学生自带笔记本电脑、普中科技开发板。

软件工具：Keil 编程软件、Proteus 仿真软件、开发板 USB 转串口 CH340 驱动软件、烧写软件。

四、实验原理

1. LED 大屏幕显示器原理

LED 点阵显示器是把很多 LED 发光二极管按矩阵方式排列在一起，通过对每个 LED 进行发光控制，完成各种字符或图形的显示。最常见的 LED 点阵显示模块有 5×7(5 列 7 行)、7×9(7 列 9 行)、8×8(8 列 8 行)结构。LED 点阵由一个一个的点(LED 发光二极管)组成，总点数为行数与列数之积，引脚数为行数与列数之和。

2. LED 大屏幕显示器结构

LED 点阵的内部结构如图 4-1 所示。

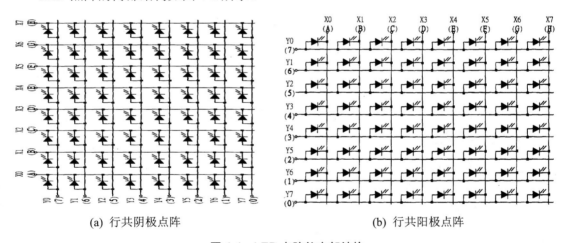

(a) 行共阴极点阵　　　　　　　　　(b) 行共阳极点阵

图 4-1　LED 点阵的内部结构

3. "大"字显示字型码

"大"字显示字型码示意图如图 4-2 所示。

显示字符"大"的过程如下：先给第一行送高电平(行高电平有效)，同时给 8 列送 11110111(列低电平有效)；然后给第二行送高电平，同时给 8 列送 11110111，……最后给第八行送高电平，同时给 8 列送 11111111。每行点亮延时时间为 1ms，第八行结束后再从第一行开始循环显示。利用视觉暂留现象，人们看到的就是一个稳定的图形。

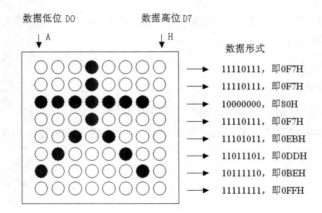

图 4-2 "大"字显示字型码示意图

4. LED 大屏幕显示器接口电路

LED 大屏幕显示器接口电路如图 4-3 所示。

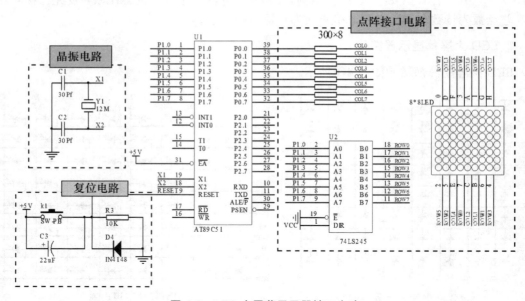

图 4-3 LED 大屏幕显示器接口电路

5. 点阵的显示原理

点阵是扫描显示，也就是同一时刻只有一列或者一行有 LED 显示，根据视觉暂留现象，当扫描足够快的时候，人眼是看不到闪烁的。点阵可以横向扫描，也可以纵向扫描。

6. 滚动显示和静态显示的区别

滚动显示和静态显示类似，只不过差别是，在一次循环后回到第一行时，静态情况下是显示第一行应有的列，而滚动是显示上次循环第二行对应的列，第二行就显示第三行对应的列，依次往下，这样就相当于图形往上移了一个格。然后每次循环都上移一格，这样就是滚动显示了。

五、实验内容及步骤

(1) 单片机 I/O 接口原理图的设计、驱动 8×8 的 LED 点阵静态显示"大"字。实验四 LED 点阵显示的参考仿真电路图如图 4-4 所示。

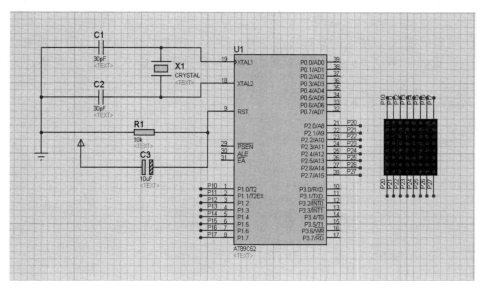

图 4-4 实验四 LED 点阵显示的参考仿真电路图

(2) 打开 Keil C51 集成开发环境,建立一个工程 4-1 并设计相应程序,完成 P1～P2 口控制 LED 点阵显示相应字符的实验,并在空白部分添加注释。对程序进行编译、调试、观察、分析实验现象。

参考源程序的代码如下:

```
#include <reg51.h>
#define uint unsigned int
void delay1ms();                //延时约 1ms 函数声明
void main()
{
    unsigned char code led[]=
        {0xf7,0xf7,0x80,0xf7,0xeb,0xdd,0xbe,0xff};
    unsigned char w[8]=
        {0x01,0x02,0x04,0x08,0x10,0x20,0x40,0x80};
    uint  i,m;
    while(1) {
        for(m=0;m<400;m++)   //每个字符扫描显示 400 次,控制每个字符显示时间
        {
            for(i=0;i<8;i++)
            {
                P2=w[i];           //行数据送 P1 口
                P1=~led[i];        //列数据送 P0 口
                delay1ms();
            }
        }
```

```c
    }
}
//函数名：delay1ms
void delay1ms()
{
    uint i;
    for(i=0;i<200;i++);
}
```

(3) 采用如图 4-4 所示的点阵显示参考电路图，建立工程 4-2，编写代码完成具有翻页效果且轮流显示字符"0～9"的 8×8 点阵。对程序进行编译、调试，观察、分析实验现象。

参考源程序的代码如下：

```c
#include<REG51.H>
void delay1ms();                //延时约 1ms 函数声明
void main()
{
    unsigned char code led[]=
        {0xf7,0xf7,0x80,0xf7,0xeb,0xdd,0xbe,0xff,    //0
         0x00,0x18,0x1c,0x18,0x18,0x18,0x18,0x18,    //1
         0x00,0x1e,0x30,0x30,0x1c,0x06,0x06,0x3e,    //2
         0x00,0x1e,0x30,0x30,0x1c,0x30,0x30,0x1e,    //3
         0x00,0x30,0x38,0x34,0x32,0x3e,0x30,0x30,    //4
         0x00,0x1e,0x02,0x1e,0x30,0x30,0x30,0x1e,    //5
         0x00,0x1c,0x06,0x1e,0x36,0x36,0x36,0x1c,    //6
         0x00,0x3f,0x30,0x18,0x18,0x0c,0x0c,0x0c,    //7
         0x00,0x1c,0x36,0x36,0x1c,0x36,0x36,0x1c,    //8
         0x00,0x1c,0x36,0x36,0x36,0x3c,0x30,0x1c};   //9
    unsigned char w[8]=
        {0x01,0x02,0x04,0x08,0x10,0x20,0x40,0x80};
    unsigned int i,j,k,m;
    while(1) {
        for(k=0;k<10;k++)                //字符个数控制变量
        {
            for(m=0;m<200;m++)           //每个字符扫描显示 400 次，控制每个字符显示时间
            {
                j=k*8;//指向数组 led 的第 k 个字符第一个显示码下标
                for(i=0;i<8;i++)
                {
                    P2=~w[i];            //行数据送 P1 口
                    P1=led[j];           //列数据送 P0 口
                    delay1ms();
                    j++;                 //指向数组中下一个显示码
                }
            }
        }
    }
}
//函数名：delay1ms
//函数功能：采用软件实现延时约 1ms
void delay1ms()
{
```

```
    unsigned int i;
    for(i=0;i<200;i++);
}
```

(4) 采用如图 4-4 所示的点阵显示参考电路图，建立工程 4-3，编写代码使 8×8 点阵显示出字符"LOVE"并具有上移的效果。对程序进行编译、调试，观察、分析实验现象。

参考源程序的代码如下：

```
#include<reg51.h>
#define uchar unsigned char
#define uint unsigned int
uchar code TB[]=
    {0x01,0x02,0x04,0x08,0x10,0x20,0x40,0x80};
uchar code TA[]=
    {0xFF,0xFF,0xFF,0xFF,0xFF,0xFF,0xFF,0xFF,//空屏
    0xFD,0xFD,0xFD,0xFD,0xFD,0xFD,0xC1,0xFF, //L
    0xE3,0xDD,0xDD,0xDD,0xDD,0xDD,0xE3,0xFF, //O
    0xDD,0xDD,0xDD,0xDD,0xDD,0xEB,0xF7,0xFF, //V
    0xC1,0xFD,0xFD,0xC1,0xFD,0xFD,0xC1,0xFF, //E
    0xFF,0xFF,0xFF,0xFF,0xFF,0xFF,0xFF,0xFF, //空屏
    };
uchar i,t;
delay(uchar t)
{
    while (t--)
    {;}}
void main(void)
{
    uchar N,T;
    while(1)
    {
        for(N=0;N<40;N++)     /*循环扫描一遍40帧(5个字母每次显示要8帧=40)*/
          for(T=0;T<60;T++)  //移动速度
          {
              for(i=0;i<8;i++)
              {
                  P2=~TB[i];
                  P1=~TA[i+N];
                  delay(100);
              }
          }
    }
}
```

(5) 采用如图 4-4 所示的点阵显示参考电路图，建立工程 4-4，编写代码使 8×8 点阵显示出字符"LOVE"并具有左移的效果。对程序进行编译、调试，观察、分析实验现象。

参考源程序的代码如下：

```
#include<reg51.h>
#define uchar unsigned char
#define uint unsigned int
uchar code TAB[]=
    {0xFF,0xF7,0xFB,0x81,0xFB,0xF7,0xFF,0xFF};
uchar i,t=0;
```

```
delay(uchar t)
{
    while(t--)
    {;}
}
void main(void)
{
    uchar T,Y,Q;
    while(1)
    {
        for(Q=0;Q<8;Q++)
        for(T=0;T<100;T++)        //速度
        {
            P2=0x01;
            for(i=0;i<8;i++)
            {
                Y=TAB[i+1]*256+TAB[i];
                Y=Y<<(7-Q)|Y>>Q;
                /*保证第 9 个数据的最高位移到第二次数据的最低处，再输入到列端口*/
                P1=Y%256;        /*P1=TAB[i]*/
                delay(60);
                P2=P2<<1|P2>>7;
            }
        }
    }
}
```

如果将扫描方式改为列扫描，那么左右移动的程序就容易写了，但当点阵比较巨大并且硬件已经定下时，改变扫描方式是不可取的，甚至是不可能实现的。这里是以行扫描为例(逐行取字模)，第一次取字码数组中的第 1~8 个数据到点阵列输入端，行码扫描 1~8 行。第二次将第一次的 1~8 个数据都循环左(右)移一位，并且将第 9 个数据的最高位移到第二次数据的最低处，再输入到列端口，行扫描 1~8 行。即每次扫描都要把前一次扫描的列码左移一位。

(6) 利用工程 4-4，修改程序代码，实现字符"LOVE"在点阵下移的显示效果。

(7) 仿真成功后，将代码下载到试验箱继续调试。

六、实验报告

学生在实验结束后必须完成实验报告。实验报告必须包括实验预习、实验记录、思考题三部分内容。实验记录应该忠实地描述操作过程，并提供操作步骤以及调试程序的源代码。

具体实验报告的书写按照实验报告纸的要求逐项完成。

七、其他说明

(1) 描述 LED 点阵显示程序并添加注释。

(2) 把设计的 Proteus 仿真图，写入实验报告。

(3) 思考题：

① LED 大屏幕点阵显示器一次能点亮多少行？显示的原理是怎样的？
② LED 大屏幕点阵显示器的行和列是怎么区分的？
③ 判断 Proteus 中不同颜色的 8×8 点阵上下引脚分别控制行还是列。

(4) 技能提高：独立设计一段代码，要求实现将字符"箭头"从左右滚动显示，字符"箭头"的字型编码的数组为{0xFF,0xF7,0xFB,0x81,0xFB,0xF7,0xFF,0xFF}，方案如何设计？

评价标准：流程图绘制、硬件电路原理图修改、软件程序修改、软硬件联调、实物连接。

实验五　矩阵键盘按键实验

一、实验目的

(1) 掌握单片机的键盘的组成硬件电路。
(2) 掌握按键去抖动的方法。
(3) 掌握条件转移的程序设计方法。
(4) 掌握按键在 Proteus 中的名称。
(5) 具备独立键盘和矩阵键盘的程序实现能力。

实验五　矩阵键盘按键实验

二、实验任务

(1) 编写代码完成 K1～K3 按键控制数码管显示数字加 1、减 1、归 0 的效果。
(2) 采用反转法检测形式，编写代码完成 4×4 按键控制数码管显示数字 1～16 效果。
(3) 编写代码完成 3×3 按键控制数码管显示数字 0～9 效果。

三、实验条件

硬件环境：学生自带笔记本电脑、普中科技开发板。
软件工具：Keil 编程软件、Proteus 仿真软件、开发板 USB 转串口 CH340 驱动软件、烧写软件。

四、实验原理

1. 认识常用按键开关

单片机应用系统中经常使用的按键开关如图 5-1 所示。

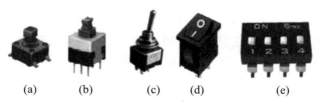

图 5-1　常用的按键开关

2. 独立式按键

独立式按键电路配置灵活，软件结构简单，但每个按键必须占用一根 I/O 口线，因此，在按键较多时，I/O 口线浪费较大，不宜采用。独立式按键电路如图 5-2 所示。

3. 矩阵式按键

通常，矩阵式键盘的列线由单片机输出口控制，行线连接单片机的输入口。其结构如图 5-3 所示。

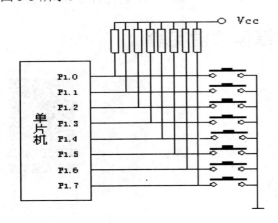

图 5-2 独立式按键电路　　　图 5-3 矩阵式按键电路

4. 键盘编程扫描法识别按键

键盘编程扫描法识别按键一般应包括以下内容。
(1) 判别有无键按下。
(2) 键盘扫描取得闭合键的行、列号。
(3) 用计算法或查表法得到键值。
(4) 判断闭合键是否释放，如没释放则继续等待。
(5) 将闭合键的键值保存，同时转去执行该闭合键的功能。

5. 按键分类

按键按照结构原理可分为两类：一类是触点式开关按键，如机械式开关、导电橡胶式开关等；另一类是无触点开关按键，如电气式按键、磁感应按键等。前者造价低，后者寿命长。

按键按照接口原理可分为编码键盘与非编码键盘两类。

这两类键盘的主要区别是识别键符及给出相应键码的方法。编码键盘主要是用硬件来实现对按键的识别，硬件结构复杂；非编码键盘主要是由软件来实现按键的定义与识别，硬件结构简单，软件编程量大。这里将要介绍的独立式按键和矩阵式键盘都是非编码键盘。

6. 按键的去抖

机械式按键在按下或释放时，由于材料弹性作用的影响，通常伴随有一定时间的触点机械抖动，然后其触点才稳定下来，如图 5-4 所示。抖动时间一般为 5~10ms，在触点抖动期间检测按键的通与断状态,可能会判断出错。

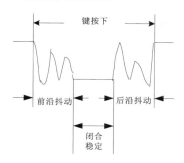

图 5-4　按键去抖示意图

按键去抖流程如图 5-5 所示。

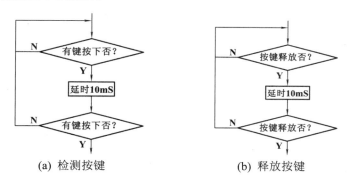

图 5-5　按键去抖流程图

五、实验内容及步骤

(1) 搭建仿真电路图 1,如图 5-6 所示。本实验使用 P1 口控制 3 个独立式按键,用 P2 口控制数码管显示;其中按键 1(P1.0)控制数码管加一操作,按键 2(P1.1)控制数码管减一操作,按键 3(P1.2)控制数码管归 0 操作。

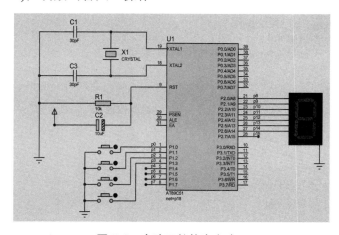

图 5-6　实验五的仿真电路 1

(2) 通过建立工程 5-1，把以下程序代码放到 Keil 编译软件工具中，生成 HEX 文件，加载到仿真电路图中，看显示效果。

参考源程序的代码如下：

```c
#include<reg51.h>
#define uint unsigned int
#define uchar unsigned char
sbit key1=P1^0;        //独立式按键一
sbit key2=P1^1;        //独立式按键二
sbit key3=P1^2;        //独立式按键三
uchar code num[10]=
{0xc0,0xf9,0xa4,0xb0,0x99,0x92,0x82,0xf8,0x80,0x90};
delay(uint t)//延时函数
{
    uint i,j;
    for(i=0;i<t;i++)
        for(j=110;j>0;j--);            //执行空语句
}
main()//主函数
{
    int n=0;
    P2=~num[0];                        //初始化显示 0
    while(1)
    {
        if(key1==0)                    //检测按键 key1 是否按下
        {
            while(key1==0);            //去抖动
            {
                n++;                   //加一操作
                P2=~num[n];
                if(n==10)              //加到 10 归 0
                    n=0;
            }
        }
        if(key2==0)                    //检测按键 key2 是否按下
        {
            while(key2==0);            //去抖动
            {
                n--;//减一操作
                P2=~num[n];
                    if(n==0||n==-1)    //减到 0 归 9
                n=9;
            }
        }
        if(key3==0)                    //检测按键 key3 是否按下
        {
            while(key3==0);            //去抖动
            {
                n=0;                   //归 0 操作
                P2=~num[n];
            }
        }
    }
}
```

(3) 搭建仿真电路图 2，如图 5-7 所示。本实验使用 P1 口控制 4×4 矩阵式按键，用 P1 口控制矩阵式按键值的输入，其中前 4 位控制行，后 4 位控制列；用 P2 口、P3 口各控制一个数码管的显示，显示对应按键值的键值，依次是 0～15。

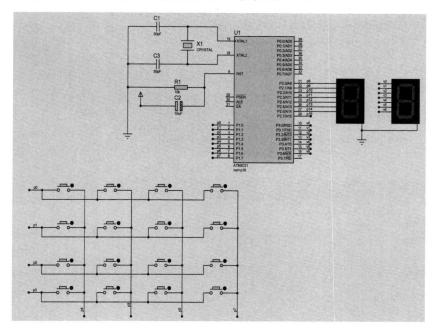

图 5-7　实验五的仿真电路 2

(4) 通过建立工程 5-2，把以下程序代码放到 Keil 编译软件工具中，生成 HEX 文件，加载到仿真电路图中，看显示效果，比较工程 5-1 的效果，进行比较分析。

参考源程序的代码如下：

```c
#include<reg51.h>
#define uint unsigned int
#define uchar unsigned char
uchar code num[10]=
  {0xc0,0xf9,0xa4,0xb0,0x99,0x92,0x82,0xf8,0x80,0x90};//
uint keyget()//按键扫描并获取按键值
{
    uint r,c;
    int n;
    n=r=c=0;
    P1=0xf0;
    switch(P1)//行按下检测
    {
        case 0xe0:r=1;break;//检测到第一行
        case 0xd0:r=2;break;//检测到第二行
        case 0xb0:r=3;break;//检测到第三行
        case 0x70:r=4;break;//检测到第四行
        default:break;
    }
    P1=0x0f;//行与列扫描值进行翻转
```

```c
    switch(P1)//列按下检测
    {
        case 0x0e:c=1;break;//检测到第一列
        case 0x0d:c=2;break;//检测到第二列
        case 0x0b:c=3;break;//检测到第三列
        case 0x07:c=4;break;//检测到第四列
        default:break;
    }
    switch(r)//行和列交点的扫描检测
    {
        case 1:if(c==1)n=1; if(c==2)n=2;
               if(c==3)n=3;if(c==4)n=4;break;
        case 2:if(c==1)n=5; if(c==2)n=6;
               if(c==3)n=7;if(c==4)n=8;break;
        case 3:if(c==1)n=9; if(c==2)n=10;
               if(c==3)n=11;if(c==4)n=12;break;
        case 4:if(c==1)n=13; if(c==2)n=14;
               if(c==3)n=15;if(c==4)n=16;break;
        default:break;
        }
    return (n);//返回检测到的按键值
}
main()
{
    uint a,b;
    while(1)
        {
        a=keyget()%10;   //分离返回按键值的个位
        b=keyget()/10;   //分离返回按键值的十位
        P2=~num[b];      //显示十位
        P3=~num[a];      //显示个位
        }
}
```

(5) 利用工程 5-2，修改程序代码，完成 3×3 矩阵式按键检测。

以下是 3×3 矩阵式按键检测按键值显示的程序代码，部分代码缺失，根据提示完成代码，实现效果。

```c
#include<reg51.h>
#define uint unsigned int
#define uchar unsigned char
 uchar code num[10]=
  {0xc0,0xf9,0xa4,0xb0,0x99,0x92,0x82,0xf8,0x80,0x90};//
 uint keyget()//按键扫描并获取按键值
{
    uint r,c;
    int n;
    n=r=c=0;
    P1=0xf8;//行检测初始化
    switch(P1)//行按下检测
        {
        case _____:r=1;break;//检测到第一行
        case _____:r=2;break;//检测到第二行
```

```
            case _____:r=3;break;//检测到第三行
            default:break;
    }
    P1=0x07;//列检测初始化
    switch(P1)//列按下检测
    {
            case _____:c=1;break;//检测到第一列
            case _____:c=2;break;//检测到第二列
            case _____:c=3;break;//检测到第三列
            default:break;
    }
    switch(r)//行和列交点的扫描检测
    {
            case 1:if(c==1)n=1; if(c==2)n=2;if(c==3)n=3;break;
            case 2:if(c==1)n=4; if(c==2)n=5; if(c==3)n=6;break;
            case 3:if(c==1)n=7; if(c==2)n=8; if(c==3)n=9;break;
            default:break;
    }
    return (n);//返回检测到的按键值
}
main()
{
    while(1)
    {
        P2=~num[_____];//显示按键值
    }
}
```

(6) 仿真成功后，将代码下载到试验箱继续调试。

六、实验报告

学生在实验结束后必须完成实验报告。实验报告必须包括实验预习、实验记录、思考题三部分内容。实验记录应该如实地描述操作过程，并提供操作步骤以及调试程序的源代码。

具体实验报告的书写按照实验报告纸的要求逐项完成。

七、其他说明

(1) 设计键盘处理程序并添加注释。
(2) 把设计的 Proteus 仿真图，写入实验报告。
(3) 思考题：
① 按键去抖动，还有其他方式吗？
② 如果按键多于 10 个时，应该怎么处理？
③ 采用矩阵法按键检测有什么好处，不利的地方在哪？
④ 什么是按键去抖，为什么按键程序需要进行去抖动处理？
⑤ 一般按键去抖的硬件处理方法和软件处理方法分别是怎样的。
(4) 技能提高：在实验五参考仿真电路图 2 的基础上，修改代码完成以下功能，其中

1~9按键按下显示按键值，第10个按键按下进行加一操作，第11个按键按下进行减一操作，第12个按键按下进行加2操作，第13个按键按下进行减2操作，第14个按键按下进行加3操作，第15个按键按下进行减3操作，第16个按键按下进行归0操作，电路如何连接？程序如何设计？

评价标准：硬件电路原理图修改、软件程序修改、软硬件联调、实物连接。

实验六　LCD1602 液晶显示实验

实验六　1602 液晶显示实验

一、实验目的

(1) 掌握 LCD1602 液晶显示原理及使用方法。
(2) 掌握 LCD1602 液晶模块显示数字的 C 语言编程方法。
(3) 掌握基于单片机的常用外部电路(LED 液晶显示)的设计方法，能够综合运用 C 语言进行编程。

二、实验任务

(1) 编写代码实现：第一行按指定位置逐个显示单个字符，第二行显示指定字符串。
(2) 编写代码实现：在 LCD1602 液晶显示器上第一行显示 A、B、C，第二行显示对应的三个 0~99 的数，并可以通过三个独立的按键来调整大小。

三、实验条件

硬件环境：学生自带笔记本电脑、普中科技开发板。
软件工具：Keil 编程软件、Proteus 仿真软件、开发板 USB 转串口 CH340 驱动软件、烧写软件。

四、实验原理

1. 液晶显示模块介绍

单片机系统中常用字符型液晶显示模块。由于 LCD 显示面板较为脆弱，厂商已将 LCD 控制器、驱动器、RAM、ROM 和液晶显示器集成在 PCB 上，形成了液晶显示模块(LCD Module, LCM)。单片机只需向 LCD 显示模块写入相应命令和数据就可显示需要的内容。

单片机控制 LCD1602 显示字符，只需将待显示字符的 ASCII 码写入显示数据存储器(DDRAM)，内部控制电路就可将字符在显示器上显示出来。

例如，显示字符"A"，单片机只需将字符"A"的 ASCII 码 0×41 写入 DDRAM，控制电路就会将对应的字符库 ROM(CGROM)中的字符"A"的点阵数据找出来显示在 LCD 液晶显示屏上。

LCD1602 的工作电压为 4.5~5.5V，典型为 5V，工作电流为 2mA，标准的 14 引脚(无背光)或 16 个引脚(有背光)的外形及引脚分布如图 6-1 所示。

(a) LCD1602 的外形

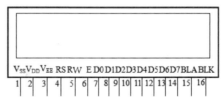
(b) LCD1602 的引脚

图 6-1　LCD 1602 的外形及引脚

引脚包括 8 条数据线、3 条控制线和 3 条电源线，如表 5-1 所示。通过单片机向模块写入命令和数据，可选择显示方式和显示内容。

表 6-1　LCD1602 的引脚功能

引脚	引脚名称	引脚功能
1	V_{SS}	电源地
2	V_{DD}	+5V 逻辑电源
3	V_{EE}	液晶显示偏压(调节显示对比度)
4	RS	寄存器选择(1—数据寄存器，0—命令状态寄存器)
5	RW	读/写操作选择(1—读，0—写)
6	E	使能(也称启用)信号
7～14	D0～D7	数据总线，与单片机的数据总线相连，三态
15	BLA	背光板电源，通常为+5V，串联 1 个电位器，调节背光亮度。如接地，此时无背光但不易发热
16	BLK	背光板电源地

2. LCD1602 屏幕上字符的显示及命令字

显示字符首先要解决待显示字符的 ASCII 码产生的问题。用户只需在 C51 程序中写入要显示的字符常量或字符串常量，C51 程序在编译后会自动生成其标准的 ASCII 码，然后将生成的 ASCII 码送入显示用数据存储器 DDRAM，内部控制电路就会自动将该 ASCII 码对应的字符在 LCD1602 屏幕上显示出来。

让液晶显示器显示字符，首先对其进行初始化设置，如对有无光标、光标移动方向、光标是否闪烁及字符移动方向等进行设置，才能获得所需显示效果。

对 LCD1602 的初始化、读、写、光标设置、显示数据的指针设置等，都是单片机向 LCD1602 写入命令字来实现。命令字如表 6-2 所示。

表 6-2　LCD1602 的命令字

编号	命令	RS	RW	D7	D6	D5	D4	D3	D2	D1	D0
1	清屏	0	0	0	0	0	0	0	0	0	1
2	光标返回	0	0	0	0	0	0	0	0	0	×

续表

编号	命令	RS	RW	D7	D6	D5	D4	D3	D2	D1	D0
3	光标和显示模式设置	0	0	0	0	0	0	0	1	I/D	S
4	显示开关及光标设置	0	0	0	0	0	0	1	D	C	B
5	光标或字符移位	0	0	0	0	0	1	S/C	R/L	×	×
6	功能设置	0	0	0	0	1	DL	N	F	×	×
7	CGRAM 地址设置	0	0	0	1	字符发生存储器地址			
8	DDRAM 地址设置	0	0	1	显示数据存储器地址				
9	读忙标志或地址	0	1	BF	计数器地址					
10	写数据	1	0	要写的数据						
11	读数据	1	1	读出的数据						

3. LCD1602 的复位

LCD1602 上电后复位状态如下。

- 清除屏幕显示。
- 设置为 8 位数据长度,单行显示,5×7 点阵字符。
- 显示屏、光标、闪烁功能均关闭。
- 输入方式为整屏显示,不移动光标,I/D=1。

LCD1602 的一般初始化设置如下。

- 写命令 38H,即功能设置(16×2 显示,5×7 点阵,8 位接口)。
- 写命令 08H,显示关闭。
- 写命令 01H,显示清屏,数据指针清 0。
- 写命令 06H,写一个字符后地址指针加 1。
- 写命令 0CH,设置开显示,不显示光标。

需注意,在进行上述设置及对数据进行读取时,通常需要检测忙标志位 BF。如果 BF 为 1,则说明忙,要等待;如果 BF 为 0,则可进行下一步操作。

4. LCD1602 的基本操作

LCD 为慢显示器件,所以在写每条命令前,一定要查询忙标志位 BF,即是否处于"忙"状态。如 LCD 正忙于处理其他命令,就等待;如不忙,则向 LCD 写入命令。忙标志位 BF 位于控制寄存器的 DT 位上。如果 BF=0,表示 LCD 不忙;如果 BF=1,表示 LCD 处于忙状态,需等待。

LCD1602 的读写操作规定如表 6-3 所示。

表 6-3 LCD1602 的读写操作规定

	单片机发给 LCD1602 的控制信号	LCD1602 的输出
读状态	RS=0,RW=1,E=1	D0~D7=状态字
写命令	RS=0,RW=0,D0~D7=指令 E=正脉冲	无
读数据	RS=1,RW=1,E=1	D0-D7=数据
写数据	RS=1,RW=0,D0~D7=数据 E=正脉冲	无

LCD1602 与 AT89S51 的接口电路如图 6-2 所示。

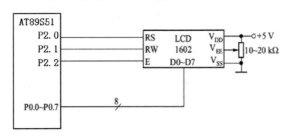

图 6-2　单片机与 LCD1602 接口电路

由图 6-2 可以看出，LCD1602 的 RS、RW 和 E 这 3 个引脚分别接在 P2.0、P2.1 和 P2.2 引脚，只需通过对这 3 个引脚置"1"或清"0"，就可实现对 LCD1602 的读写操作。具体来说，显示一个字符的操作过程为"读状态→写命令→写数据→自动显示"。

五、实验内容及步骤

（1）搭建仿真电路图 1，如图 6-3 所示。本实验使用 P2 口控制 3 个引脚，用 P0 口控制 1602 型 LCD 的 8 位双向数据线(DB0～DB7)，其中监测 P0.7 引脚电平(DB7 连 P0.7)就可以知道忙碌标志位 BF 的状态。

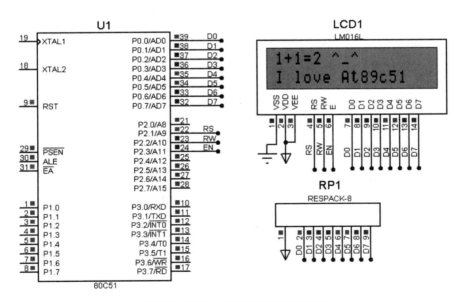

图 6-3　实验六的参考仿真电路图 1

（2）通过建立工程 6-1，把以下程序代码放到 Keil 编译软件工具中，生成 HEX 文件，加载到实验六的参考仿真电路图 1 中，看显示效果。

参考源程序的代码如下：

```
#include<reg51.h>
typedef unsigned int  u16;
```

```c
typedef unsigned char u8;
unsigned int i=0;
unsigned char code dis1[] = {"I love At89c51"};
#define DATA P0
sbit rs = P2^1;
sbit rw = P2^2;
sbit en = P2^3;
void delay(u16 num)
{
    u16 x,y;
    for (x=num; x>0; x--)
        for(y=110; y>0; y--);
}
bit busy()
{
    bit result;
    rs = 0;
    rw = 1;
    en = 1;
    delay(5);
    result = (bit)(P0 & 0x80);
    en = 0;
    return result;
}
void write_cmd (u8 cmd)
{
    while(busy());
    rs = 0;
    rw = 0;
    DATA = cmd;
    delay(5);
    en = 1;
    delay(5);
    en = 0;
}
void write_data (u8 dat)
{
    while(busy());
    rs = 1;
    rw = 0;
    DATA = dat;
    delay(5);
    en = 1;
    delay(5);
    en = 0;
}
void lcd_pos(unsigned char pos)
{
    write_cmd(pos | 0x80);
}
void lcd_init (void)
{
    write_cmd(0x02);
    write_cmd(0x06);
    write_cmd(0x0c);
```

```
        write_cmd(0x3c);
        write_cmd(0x01);
}
int main (void)
{
        rw = 0;
        rs = 0;
        en = 0;
        lcd_init();
        lcd_pos(0x00);                      //设置显示位置
        //write_cmd(0x80);
        write_data('1');
        write_data('+');
        write_data(0x31);
        write_data('=');
        write_data('2');
        write_data(' ');
        write_data(0x5e);
        write_data(0x5f);
        write_data(0x5e);
        lcd_pos(0x40);                      // 设置显示位置
        //write_cmd(0xC0);
        while(dis1[i] != '\0')
        {
                write_data(dis1[i]);        // 显示字符
                i++;
        }
        while(1);
}
```

(3) 搭建仿真电路图 2，如图 6-4 所示。本实验使用 P2 口控制 3 个引脚，用 P0 口控制 1602 型 LCD 的 8 位双向数据线(DB0～DB7)，其中监测 P0.7 引脚电平(DB7 连 P0.7)就可以知道忙碌标志位 BF 的状态。三个独立按键分别使用引脚 P2.0(模式选择键)、引脚 P2.1(加 1 键)、引脚 P2.2(减 1 键)。

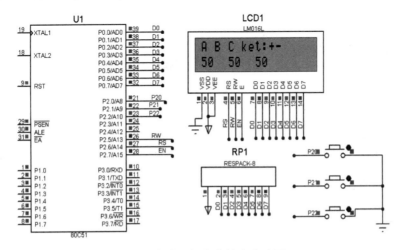

图 6-4　实验六的参考仿真电路图 2

(4) 通过建立工程 6-2，把以下程序代码放到 Keil 编译软件工具中，生成 HEX 文件，加载到实验六的参考仿真电路图 2 中，看显示效果。

参考源程序的代码如下：

```c
#include <reg51.h>
#define LCD_CLR 0x01           //清屏指令
#define CURSOR_REST 0x02       //光标复位指令
                               //光标和显示模式设置，以下几条(指令)按位或，就可得组合
#define CURSOR_MOV_L 0x04      //光标左移
#define CURSOR_MOV_R 0x16      //光标右移
#define CHAR_MOV_N 0x04        //字符不移
#define CHAR_MOV_Y 0x05        //字符移
#define CURSOR_MOV 0x10        //移动光标
#define CHAR_MOV 0x18          //移动字符
                               //显示开关控制，以下几条(指令)按位或，就可得组合
#define ALL_ON 0x0c            //整体显示开
#define ALL_OFF 0x08           //整体显示关
#define CURSOR_ON 0x0a         //光标开
#define CURSOR_OFF 0x08        //光标关
#define CURSOR_SS 0x09         //光标闪烁
#define CURSOR_BS 0x08         //光标不闪烁
                               //功能设置命令
#define BUS_4BIT 0x20          //4 位总线
#define BUS_8BIT 0x30          //8 位总线
#define LINE_1 0x20
#define LINE_2 0x28
#define CHAR5_7 0x20           //5*7 字符
#define CHAR5_10 0x24          //5*10 字符
         //-----------------引脚接线图-------------
#define data_out P0
sbit LCD_E =P2^7;
sbit LCD_RW =P2^5;
sbit LCD_RS =P2^6;
sbit BF =P0^7;
sbit Ket_mode = P2^0;          //定义按键引脚
sbit Ket_add = P2^1;
sbit Ket_minus = P2^2;
void delay100ms(char n)        //误差 0us 延迟 n*100ms
{
  unsigned char a,b,c;
  for(n;n>0;n--)
  for(c=19;c>0;c--)
  for(b=20;b>0;b--)
  for(a=130;a>0;a--);
}
void delay1ms(char n)          //误差 0us 延迟 n*1ms
{
  unsigned char a,b,c;
  for(c=n;c>0;c--)
  for(b=142;b>0;b--)
  for(a=2;a>0;a--);
}
```

```c
unsigned char Mode=0;              //全局变量
unsigned char A_NO =50, B_NO = 50, C_NO = 50;  //初始值
void Mode_adjust();                //函数功能切换模式，加减ABC
void Ket_mode_ds();                //选择状态模式、消抖
void delay(unsigned int);          //延时
void LCD_init(void);               //液晶初始化
void w_LCD_comm(unsigned char);              //写入命令子程序
void w_LCD_dat(char);              //写入数据
void LCD_busy(void);               //判忙
void write_LCD_char(unsigned char,unsigned char,char); //写字符
void write_LCD_str(unsigned char x,unsigned char y,unsigned char *str) ;
unsigned char num_to_char(unsigned char);
void Display_temp(unsigned char x,unsigned char y ,unsigned int Num) ;
void Display_3_num(unsigned char x,unsigned char y ,unsigned int Num) ;
void Display_4_num(unsigned char x,unsigned char y ,unsigned int Num) ;
void Display_Dat(unsigned char x,unsigned char y ,unsigned int Num ,
unsigned char Len) ;
main()                             //主函数
{
    LCD_init();                    // LCD1602初始化
    while(1)
    {
        Mode_adjust();             //状态切换
        if(Mode == 0)
        {
            write_LCD_str(0,0,"A B C ket:+-");
                                    //LCD1602显示字符函数引自
lcd1602.c/.h
        }
        if(Mode == 1)
        {
            write_LCD_str(0,0," B C ket:+-");   //闪烁A
            write_LCD_str(0,0," B C ket:+-");
            write_LCD_str(0,0," B C ket:+-");
            write_LCD_str(0,0,"A B C ket:+-");
        }
        if(Mode == 2)
        {
            write_LCD_str(0,0,"A C ket:+-");    //闪烁B
            write_LCD_str(0,0,"A C ket:+-");
            write_LCD_str(0,0,"A C ket:+-");
            write_LCD_str(0,0,"A B C ket:+-");
        }
        if(Mode == 3)
        {
            write_LCD_str(0,0,"A B ket:+-");    //闪烁C
            write_LCD_str(0,0,"A B ket:+-");
            write_LCD_str(0,0,"A B ket:+-");
            write_LCD_str(0,0,"A B C ket:+-");
        }
        Display_Dat(0,1,A_NO,2);   //lcd1602显示数据函数
        Display_Dat(4,1,B_NO,2);
        Display_Dat(8,1,C_NO,2);
    }
```

```c
}
void Mode_adjust()
{                                        //切换 MODE
   Ket_mode_ds();
   if(Mode > 3)Mode = 0;
   switch (Mode)
 {
    case 0:{}; break;
    case 1:if(Ket_add == 0 )
             {
                delay1ms(5);
                if(Ket_add == 0)
                {
                if(A_NO==99) write_LCD_str(12,1,"Full");
                else
                   A_NO++;delay100ms(1);
                   write_LCD_str(12,1," ");
                }
                while(!Ket_add);      //等待按键松开
             }                          //嵌套 同时满足 add==0、A_NO==99
           if(Ket_minus == 0 )
           {
             delay1ms(40);
             if(Ket_minus == 0)
               {
               if(A_NO == 0) write_LCD_str(12,1,"Full");
               else A_NO--;
                delay100ms(1); write_LCD_str(12,1," ");
               }
              while(!Ket_minus);    //等待按键松开
           }                            //嵌套 同时满足 add==0、A_NO==99
           break;
     case 2:
             if(Ket_add == 0 )
              {
                 delay1ms(5);
                 if(Ket_add == 0)
                 {
                  if(B_NO == 99) write_LCD_str(12,1,"Full");
                  else B_NO++;delay100ms(1); write_LCD_str(12,1," ");
                 }
                 while(!Ket_add);   //等待按键松开
              }                         //嵌套 同时满足 add==0、A_NO==99
             if(Ket_minus == 0 )
             {
                delay1ms(5);
                if(Ket_minus == 0)
                {
                   if(B_NO == 0) write_LCD_str(12,1,"Full");
                   else B_NO--; delay100ms(1); write_LCD_str(12,1," ");
                }
                while(!Ket_minus);   //等待按键松开
             }                          //嵌套 同时满足 add==0、A_NO==99
             break;
```

```c
                    case 3:
                        if(Ket_add == 0 )
        {
          delay1ms(5);
          if(Ket_add == 0)
           {
              if(C_NO == 99) write_LCD_str(12,1,"Full");
              else C_NO++;delay100ms(1); write_LCD_str(12,1," ");
           }
              while(!Ket_add);           //等待按键松开
            }                            //嵌套 同时满足 add==0、A_NO==99
            if(Ket_minus == 0 )
            {
               delay1ms(5);
               if(Ket_minus == 0)
                {
                    if(C_NO == 0) write_LCD_str(12,1,"Full");
                    else C_NO--;delay100ms(1); write_LCD_str(12,1," ");
                }
                 while(!Ket_minus);   //等待按键松开
                                      //嵌套 同时满足 add==0、A_NO==99
             }
              break;
             }
    }
void Ket_mode_ds()   //消抖
{
    if(Ket_mode == 0 )
    {
       delay1ms(5);
       if(Ket_mode == 0) Mode++;
       delay1ms(5);
       while(!Ket_mode_ds);             //等待按键松开
    }
    else {
         };
}
//函数名称: delay
//功能描述:延时(N*8+6)μs
void delay(unsigned int N)
{
    unsigned int i;
    for(i=0;i<N;i++);
}
//函数名称:LCD_busy
//功能描述:判忙函数
void LCD_busy(void)
{
   while(1)
    {
     data_out=0xff;
     LCD_RS=0;
     LCD_RW=1;
     LCD_E=1;
     if(!BF) break;                     //如果BF忙标志位为1,则忙,则等待
```

```c
        LCD_E=0;
    }
}
//函数名称:w_LCD_command
//功能描述:写入命令
void w_LCD_comm(unsigned char comm)
{
    LCD_busy();
    data_out=comm;
    LCD_RS=0;
    LCD_RW=0;
    LCD_E=0;                    //E,下降沿触发
}
//函数名称:input_data
//功能描述:写入数据
void w_LCD_dat(char dat)
{
    LCD_busy();
    data_out=dat;
    LCD_RS=1;
    LCD_RW=0;
    LCD_E=1;
    LCD_E=0;                    //E,下降沿触发
}
//函数名称: LCD_init
//功能描述:液晶显示屏初始化
void LCD_init(void)
{
    LCD_RW=0;
    LCD_RS=0;
    LCD_E=0;
    w_LCD_comm(BUS_8BIT|LINE_2|CHAR5_7);   //8位数据,二行,5*7
    delay(10);
    //w_LCD_comm(ALL_ON|CURSOR_ON|CURSOR_SS);   //显示开,光标开,光标闪
    w_LCD_comm(ALL_ON);         //显示开,不开光标
    w_LCD_comm(CURSOR_MOV_R|CHAR_MOV_N);        //光标右移,字不移
    w_LCD_comm(LCD_CLR);        //清屏
    w_LCD_comm(0x80);           //地址0
}
//函数名称:write_char
//功能描述:写入字符
void write_LCD_char(unsigned char x,unsigned char y,char dat)
{
    if(y==0)
    {
        w_LCD_comm(0x80+x);
    }
    else
    {
        w_LCD_comm(0xc0+x);
    }
    w_LCD_dat(dat);
}
函数名: write_LCD_str
```

函数功能：显示字符串
入口： x-显示列 y-显示行
```c
void write_LCD_str(unsigned char x,unsigned char y,unsigned char *str)
{
    while(*str != '\0')
    {
        if(x>=16)                   //一行写到头换行
        {
            y++;
            x=0;
        }
        if(y>=2)break;              //第二行写到头跳出
        write_LCD_char(x,y,*str);   // 向液晶写数据
        x++;                        // 指向下一个显示位置
        str++;                      // 指向下一个字符
    }
}
```
函数名：Display_Dat
函数功能：显示数据
入口：i-显示的起始位置；Num－显示数据；Len--数据长度
```c
void Display_Dat(unsigned char x,unsigned char y ,unsigned int Num ,
unsigned char Len)
{
    unsigned char dat[5] ,i ;
    dat[4] = Num/10000 ;
    dat[3] = (Num%10000)/1000 ;
    dat[2] = Num%1000/100 ;
    dat[1] = Num%100/10 ;
    dat[0] = Num%10 ;
    for(i = 0 ; i < Len ; i++)
    {
        write_LCD_char(x+i,y,dat[Len-i-1]+'0');
    }
}
```

(5) 利用工程 6-2，修改程序代码，实现字符"I LOVE CHINA"移动的显示效果；

(6) 仿真成功后，将代码下载到试验箱继续调试。

六、实验报告

学生在实验结束后必须完成实验报告。实验报告必须包括实验预习、实验记录、思考题三部分内容。实验记录应该忠实地描述操作过程，并提供操作步骤以及调试程序的源代码。

具体实验报告的书写按照实验报告纸的要求逐项完成。

七、其他说明

(1) 设计 LCD1602 的驱动程序并添加注释。

(2) 把设计的 Proteus 仿真图，写入实验报告。

(3) 思考题：

① 怎么通过键盘控制 Hello 或者中文字符在 LCD 显示屏上左右、上下移动？
② 怎么使用字符生成软件来实现任意字符代码的生成和显示？
③ LED 显示屏和 LCD 液晶显示屏的区别是什么？
(4) 技能提高：独立设计一段代码，自定义一些字符、图形并显示出来，方案如何设计？

评价标准：流程图绘制、硬件电路原理图修改、软件程序修改、软硬件联调、实物连接。

实验七　10 秒秒表设计实验

一、实验目的

实验七　10 秒秒表设计实验

(1) 掌握定时器/计数器的基本工作原理。
(2) 掌握定时器/计数器的基本结构及相关寄存器的设置。
(3) 掌握定时器工作方式的配置方法。
(4) 能完成单片机的定时器/计数器相关电路的设计。
(5) 能应用 C 语言程序完成单片机定时器初始化及相关编程控制，实现对定时器应用于相关电路的设计、运行及调试。

二、实验任务

(1) 通过定时器控制 10 秒的秒表两位数码管显示的设计与仿真演示，时间间隔为 0.1 秒。

注：学号为奇数的同学采用定时器 1、方式 1 进行设计，学号为偶数的同学采用定时器 0、方式 0 进行设计。

(2) 通过定时器控制 10 秒的秒表三位数码管显示的设计与仿真演示，时间间隔为 0.01 秒。

注：学号为奇数的同学采用定时器 0、方式 0 进行设计，学号为偶数的同学采用定时器 1、方式 1 进行设计。

三、实验条件

硬件环境：学生自带笔记本电脑、普中科技开发板。
软件工具：Keil 编程软件、Proteus 仿真软件、开发板 USB 转串口 CH340 驱动软件、烧写软件。

四、实验原理

1. 定时/计数器

51 单片机定时器/计数器逻辑结构如图 7-1 所示。

第一部分 基础实验部分

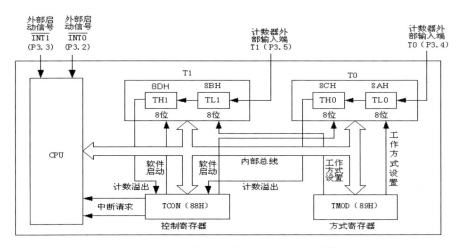

图 7-1 51 单片机定时器/计数器逻辑结构

51 系列单片机内部有两个 16 位的可编程定时/计数器,称为定时器 T0(T0)和定时器 T1(T1)。

1) 工作原理

(1) 定时器。定时输入信号:机器内部振荡信号的 1/12 分频即每一个机器周期做一次"+1"运算。

1 个机器周期=12 振荡脉冲,计数速率为振荡频率的 1/12 分频;若单片机的晶振主频为 12MHz,则计数周期为 1μs。

(2) 计数器。由外部引脚(T0 为 P3.4,T1 为 P3.5)输入计数脉冲;外部输入脉冲发生负跳变时,进行"+1"计数;外部输入脉冲宽度应大于 2 个机器周期。

2) 设置定时/计数器工作方式

通过对方式寄存器 TMOD 的设置,确定相应的定时/计数器是定时功能还是计数功能,工作方式以及启动方法。

定时/计数器工作方式有四种:方式 0、方式 1、方式 2 和方式 3。

定时/计数器启动方式有两种:软件启动和硬软件共同启动。除了从控制寄存器 TCON 发出的软件启动信号外,还有外部启动信号引脚,这两个引脚也是单片机的外部中断输入引脚。

3) 设置计数初值

T0、T1 是 16 位加法计数器,分别由两个 8 位专用寄存器组成,T0 由 TH0 和 TL0 组成,T1 由 TH1 和 TL1 组成。TL0、TL1、TH0、TH1 的访问地址依次为 8AH~8DH,每个寄存器均可被单独访问,因此可以被设置为 8 位、13 位或 16 位计数器使用。

在计数器允许的计数范围内,计数器可以从任何值开始计数,对于加 1 计数器,当计到最大值时(对于 8 位计数器,当计数值从 255 再加 1 时,计数值变为 0),产生溢出。

定时/计数器允许用户编程设定开始计数的数值,称为赋初值。初值不同,则计数器产生溢出时,计数个数也不同。例如:对于 8 位计数器,当初值设为 100 时,再加 1 计数 156 个,计数器就产生溢出;当初值设为 200 时,再加 1 计数 56 个,计数器产生溢出。

4) 启动定时/计数器

根据设置的定时/计数器启动方式，启动定时/计数器。如果采用软件启动，则需要把控制寄存器中的 TR0 或 TR1 置 1；如果采用硬软共同启动方式，不仅需要把控制寄存器中的 TR0 或 TR1 置 1，还需要相应外部启动信号为高电平。

2. 定时/计数器工作方式寄存器 TMOD

寄存器 TMOD 用来确定两个定时器的工作方式。低半字节设置定时器 T0，高半字节设置定时器 T1。字节地址为 89H，不可以位寻址。格式如图 7-2 所示。

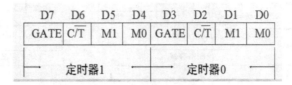

图 7-2　寄存器 TMOD 的格式

寄存器 TMOD 各位的含义如下。

C/T：功能选择位。0 为定时器方式；1 为计数器方式。

M1，M0：方式选择位。可以选择为四种工作方式 0、1、2、3 之一。四种工作方式的区别后面讲解。

GATE：门控位。

0：只要软件控制位 TR0 或 TR1 置 1 即可启动定时器开始工作；

1：只有 INT0 或 INT1 引脚为高电平，且 TR0 或 TR1 置 1 时，才能启动相应的定时器开始工作。

例如：设定时器 T0 为定时工作方式，要求用软件启动定时器 T0 工作，按方式 1 工作；定时器 T1 为计数工作方式，要求软件启动，工作方式为方式 2。则根据 TMOD 各位的定义可知，其控制字如下：

格式：	D7	D6	D5	D4	D3	D2	D1	D0
	GATE	C/T	M1	M0	GATE	C/T	M1	M0
	0	1	1	0	0	0	0	1

即控制字为 61H，其程序形式为：TMOD=0x61。

3. 定时/计数器工作方式寄存器 TCON

寄存器 TCON 用来控制两个定时器的启动、停止，表明定时器的溢出、中断情况。字节地址为 88H，可以位寻址。系统复位时，所有位均清零。格式如下：

D7	D6	D5	D4	D3	D2	D1	D0
TF1	TR1	TF0	TR0	IE1	IT1	IE0	IT0

寄存器 TCON 各位的含义如下。TCON 中的低 4 位与中断有关，在中断实验中说明。

TF1 (8FH)：定时器 1 溢出标志。计满后自动置 1。

TR1 (8EH)：定时器 1 运行控制位。由软件清零关闭定时器 1。

当 GATE=0 时，TR1 通过软件置 1 即启动定时器 1。

当 GATE=1 时，且 INT1 为高电平时，TR1 置 1 启动定时器 1。

4．定时器的四种工作方式

定时器的工作方式：根据 M1，M0 来选择，如下所示
00：方式 0　　　 01：方式 1　　　 10：方式 2　　　 11：方式 3
其主要特点如下。
方式 0：13 位定时器，TH0 的 8 位+TL0 的低 5 位；
方式 1：16 位定时器，TH0 的 8 位+TL0 的 8 位；
方式 2：能重复置初始值的 8 位定时器，TL0 和 TH0 必须赋相同的值；
方式 3：只适用于定时器 0，T0 被拆成两个独立的 8 位定时器 TL0,TH0。
其中：TL0 与方式 0、1 相同，可定时或计数。用定时器 T0 的 GATE、C/T、TR0、TF0、T0 和 INT0 控制。TH0 只可用作简单的内部定时功能。占用 T1 的控制位 TF1、TR1 和 INT1，启动关闭仅受 TR1 控制。

定时器的初始值的计算如下。
对于不同的工作方式，计数器位数不同，故最大计数值 M 也不同，具体如下。
方式 0：$M=2^{13}=8192$。
方式 1：$M=2^{16}=65536$。
方式 2：$M=2^{8}=256$。
方式 3：定时器 0 分为 2 个 8 位计数器，每个 M 均为 256。
因为定时/计数器是作加 1 计数，并在计满溢出时产生中断，因此初值 X 的计算如下：
$$X = M - 计数值$$
计算出来的结果 X 转换为十六进制数后分别写入 TL0(TL1)、TH0(TH1)。注意：方式 0 时初始值写入时，对于 TL 不用的高 3 位应填入 0。

举例 1 如下。
用 T1、工作方式 0 实现 1 秒延时函数，晶振频率为 12MHz。
方式 0 采用 13 位计数器，其最大定时时间为：$8192×1\mu s=8.192ms$，因此，定时时间不可能选择 50ms，可选择定时时间为 5ms，再循环 200 次。
定时时间为 5ms，则计数值为 5ms/1s =5000，T1 的初值为：
$$X = M - 计数值 = 8192-5000 =3192 = C78H = 0110001111000B$$
13 位计数器中 TL1 的高 3 位未用，填写 0，TH1 占高 8 位，所以，X 的实际填写值应为：X = 0110001100011000B = 6318H。
用 T1 方式 0 实现 1 秒延时函数如下。
参考源程序的代码如下。

```
void delay1s()
{
    unsigned char  i;
    TMOD=0x00;              // 置 T1 为工作方式 0
   for(i=0;i<0xc8;i++)     // 设置 200 次循环次数
   {
       TH1=0x63;           // 设置定时器初值
       TL1=0x18;
```

```
            TR1=1;              // 启动 T1
            while(!TF1);
                //查询计数是否溢出,即定时 5ms 时间到,TF1=1
            TF1=0;
                // 5ms 定时时间到,将定时器溢出标志位 TF1 清零
        }
    }
```

举例 2 如下。

用 T1、工作方式 2 实现 1 秒延时,晶振频率为 12MHz。因工作方式 2 是 8 位计数器,其最大定时时间为:256×1μs=256μs,为实现 1 秒延时,可选择定时时间为 250μs,再循环 4000 次。定时时间选定后,可确定计数值为 250,则 T1 的初值为:X=M-计数值=256-250=6=H。采用 T1 方式 2 工作,因此,TMOD =0×20。

用定时器工作方式 2 实现的 1 秒延时函数如下。

参考源程序的代码如下。

```
void delay1s()
{
    unsigned int  i;
    // i 取值范围为 0~4000,因此不能定义成 unsigned char
    TMOD=0x20;            // 设置 T1 为方式 2
    TH1=6;                // 设置定时器初值,放在 for 循环之外
    TL1=6;
    for(i=0;i<4000;i++)   // 设置 4000 次循环次数
    {
        TR1=1;            // 启动 T1
        while(!TF1);
        // 查询计数是否溢出,即定时 250μs 时间到,TF1=1
        TF1=0;
        // 250μs 定时时间到,将定时器溢出标志位 TF1 清零
    }
}
```

5. 定时/计数器的初始化

初始化一般有以下几个步骤:

(1) 确定工作方式,对方式寄存器 TMOD 赋值;

(2) 预置定时或计数初值,直接将其写入 T0、T1 中;

(3) 根据需要对中断允许寄存器有关位赋值,以开放或禁止定时/计数器中断;

(4) 启动定时/计数器,将 TRi 赋值为 "1"。

计数初值的设定如下。

最大计数值 M:不同的工作方式 M 值不同。方式 0:$M=2^{13}=8192$;方式 1:$M=2^{16}=65536$;方式 2、3:$M=2^8=256$。

计数初值 X 的计算方法如下。

计数方式:$X=M-$计数值。

定时方式:$(M-X)\times T=$定时值。

$X=M-$定时值$/T$，其中 T 为机器周期，时钟的 12 分频，若晶振为 6MHz，则 $T=2\mu s$，若晶振为 12MHz，则 $T=1\mu s$。

五、实验内容及步骤

(1) 根据提示的电路图，在 Proteus 中完成仿真电路搭建，搭建参考仿真电路图如图 7-3 所示。

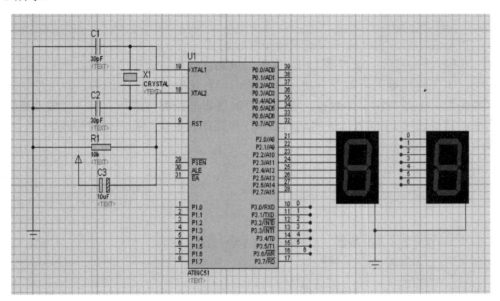

图 7-3 实验七的参考仿真电路图

(2) 建立工程 7-1，设计程序实现 10 秒秒表，时间间隔 0.1 秒。在 Keil 上编写代码，实现显示效果。

参考源程序的代码如下：

```
#include<reg51.h>
#define u8 unsigned char
#define u16 unsigned int
void delay()//0.1s
{
  TMOD=0X01;
    TH0=(65536-10000)/256;
    TL0=(65536-10000)%256;
    TR0=1;
    while(TF0==0);
    TF0=0;
}
void main()
{
  u8 ab[10]={0x3f,0x06,0x5b,0x4f,0x66,0x6d,0x7d,0x07,0x7f,0x6f};
  u16 n;
  while(1)
    {
```

```
        for(n=0;n<100;n++)
        {
           P2=ab[n%10];
              P3=ab[n/10];
              delay();
        }
     }
}
```

(3) 根据时间间隔为 0.1 秒的 10 秒秒表设计思路，自行设计时间间隔为 0.01 秒的 10 秒秒表。

(4) 仿真成功后，将代码下载到试验箱继续调试。

(5) 实验内容扩展：T0 控制 LED 实现二进制计数，完成程序代码。

说明：本例对按键的计数没有使用查询法，没有使用外部中断函数，没有使用定时或计数中断函数。而是启用了计数器，连接在 T0 引脚的按键每次按下时，会使计数寄存器的值递增，其值通过 LED 以二进制形式显示，电路如何连接？程序如何修改？

参考源程序的部分代码如下：

```
#include<reg51.h>
   //主程序
void main()
{
    TMOD=_____;
        //定时器 0 为计数器，工作方式 1，最大计数值 65535
    TH0=_____;  //初值为 0
    TL0=_____;
    TR0=_____;   //启动定时器
    while(1)
    {
    P1=TH0;
    P2=TL0;
    }
}
```

六、实验报告

学生在实验结束后必须完成实验报告。实验报告必须包括实验预习、实验记录、思考题三部分内容。实验记录应该忠实地描述操作过程，并提供操作步骤以及调试程序的源代码。

具体实验报告的书写按照实验报告纸的要求逐项完成。

七、其他说明

(1) 设计精确延时程序并添加注释。
(2) 把设计的 Proteus 仿真图，写入实验报告。
(3) 思考题：

① 使用 T1 定时器试一次，效果是否一样？
② LED 可以接到其他管脚吗？为什么？
③ MCS-51 系列单片机的定时器 T1 用作定时方式时，采用工作方式 1，则工作方式控制字为多少？
④ MCS-51 系列单片机的定时器 T0 用作定时方式时，采用工作方式 1，则初始化编程为什么？

(4) 技能提高。
① 8 个数码管上分两组动态显示年月日与时分秒，显示延时用定时器实现，电路如何连接？程序如何修改？
评价标准：硬件电路原理图修改、软件程序修改、软硬件联调、实物连接。
② 利用仿真图，修改程序代码，实现以下功能：定时器 T0 定时控制上一组 LED，滚动速度较快；定时器 T1 定时控制下一组 LED，滚动速度较慢，设计方案如何修改？
评价标准：流程图绘制、硬件电路原理图修改、软件程序修改、软硬件联调、实物连接。

实验八　定时器控制流水灯设计实验

一、实验目的

(1) 掌握定时器/计数器的基本工作原理。
(2) 掌握定时器/计数器的基本结构及相关寄存器的设置。
(3) 掌握 C 语言关于定时器的相关编程。
(4) 会利用单片机的定时器和计数器实现定时和计数功能。
(5) 能完成单片机的定时器和计数器相关电路的设计。

实验八　定时器控制流水灯设计实验

(6) 能应用 C 语言程序完成单片机定时器初始化及相关编程控制，实现对定时器应用于相关电路的设计、运行及调试。
(7) 通过定时器控制 P0、P2 口的 LED 滚动显示的设计与仿真演示，熟练掌握 51 系列内部有 2 个 16 位的定时/计数器 T0、T1，会应用 T0 的工作方式、初值计数值的计算。

二、实验任务

(1) 采用仿真电路，通过定时器控制 P0、P2 口的 LED 滚动显示，时间间隔为 0.5 秒、1 秒。仿真成功后，将代码下载到试验箱继续调试。
(2) 实现 T0 控制 LED 实现二进制计数功能要求，自行设计电路和程序。

三、实验条件

硬件环境：学生自带笔记本电脑、普中科技开发板。
软件工具：Keil 编程软件、Proteus 仿真软件、开发板 USB 转串口 CH340 驱动软件、烧写软件。

四、实验原理

1. 中断系统的结构

51 系列单片机中断系统内部结构如图 8-1 所示。

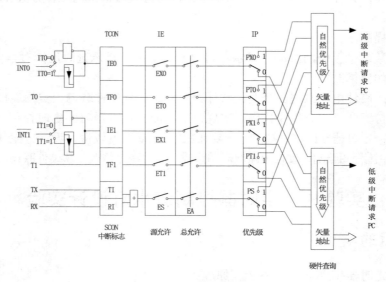

图 8-1　中断系统结构示意图

2. MCS-51 系列单片机中断源

51 系列单片机有 5 个中断源，具体介绍如表 8-1 所示。

表 8-1　单片机中断源及其说明

序号	中断源		说明
1	IE0	外部中断 0 请求	由 P(3)2 引脚输入，通过 IT0 位(TCON.0)来决定是低电平有效还是下降沿有效。一旦输入信号有效，即向 CPU 申请中断，并建立 IE0(TCON.1)中断标志
2	IE1	外部中断 1 请求	由 P(3)3 引脚输入，通过 IT1 位(TCON.2)来决定是低电平有效还是下降沿有效。一旦输入信号有效，即向 CPU 申请中断，并建立 IE1(TCON.3)中断标志
3	TF0	T0 溢出中断请求	当 T0 产生溢出时，T0 溢出中断标志位 TF0(TCON.5)置位(由硬件自动执行)，请求中断处理
4	TF1	T1 溢出中断请求	当 T1 产生溢出时，T1 溢出中断标志位 TF1(TCON.7)置位(由硬件自动执行)，请求中断处理
5	RI 或 TI	串行口中断请求	当接收或发送完一个串行帧时，内部串行口中断请求标志位 RI(SCON.0)或 TI(SCON.1)置位(由硬件自动执行)，请求中断

3. 中断标志

中断标志位及其说明如表 8-2 所示。

表 8-2 中断标志位及其说明

中断标志位	位名称		说明
TF1	T1 溢出中断标志	TCON.7	T1 被启动计数后,从初值开始加 1 计数,计满溢出后由硬件置位 TF1,同时向 CPU 发出中断请求,此标志一直保持到 CPU 响应中断后才由硬件自动清 0。也可由软件查询该标志,并由软件清 0。前述的定时器编程都是采用查询方式实现
TF0	T0 溢出中断标志	TCON.5	T0 被启动计数后,从初值开始加 1 计数,计满溢出后由硬件置位 TF0,同时向 CPU 发出中断请求,此标志一直保持到 CPU 响应中断后才由硬件自动清 0。也可由软件查询该标志,并由软件清 0
IE1	中断标志	TCON.3	IE1 = 1,外部中断 1 向 CPU 申请中断
IT1	中断触发方式控制位	TCON.2	当 IT1 = 0,外部中断 1 控制为电平触发方式;当 IT1 = 1,外部中断 1 控制为边沿(下降沿)触发方式
IE0	中断标志	TCON.1	IE0 = 1,外部中断 0 向 CPU 申请中断
IT0	中断触发方式控制位	TCON.0	当 IT0 = 0,外部中断 0 控制为电平触发方式;当 IT0 = 1,外部中断 0 控制为边沿(下降沿)触发方式
TI	串行发送中断标志	SCON.1	CPU 将数据写入发送缓冲器 SBUF 时,启动发送,每发送完一个串行帧,硬件都使 TI 置位;但 CPU 响应中断时并不自动清除 TI,必须由软件清除
RI	串行接收中断标志	SCON.0	当串口允许接收时,每接收完一个串行帧,硬件都使 RI 置位;同样,CPU 在响应中断时不会自动清除 RI,必须由软件清除

4. 中断的开放和禁止

51 系列单片机的 5 个中断源都是可屏蔽中断,中断系统内部设有一个专用寄存器 IE,用于控制 CPU 对各中断源的开放或屏蔽。IE 寄存器格式如下:

IE(A8H)	D7	D6	D5	D4	D3	D2	D1	D0
	EA	×	×	ES	ET1	EX1	ET0	EX0

中断允许位及其说明如表 8-3 所示。

表 8-3 中断允许位及其说明

中断允许位		位名称	说明
EA	总中断允许控制位	IE.7	EA = 1,开放所有中断,各中断源的允许和禁止可通过相应的中断允许位单独加以控制;EA = 0,禁止所有中断
ES	串行口中断允许位	IE.4	ES = 1,允许串行口中断;ES = 0 禁止串行口中断
ET1	T1 中断允许位	IE.3	ET1 = 1,允许 T1 中断;ET1 = 0,禁止 T1 中断
EX1	外部中断 1 允许位	IE.2	EX1 = 1,允许外部中断 1 中断;EX1 = 0,禁止外部中断 1 中断
ET0	T0 中断允许位	IE.1	ET0 = 1,允许 T0 中断;ET0 = 0,禁止 T0 中断
EX0	外部中断 0 允许位	IE.0	EX0 = 1,允许外部中断 0 中断;EX0 = 0,禁止外部中断 0 中断

5. 中断服务程序

中断响应过程就是自动调用并执行中断函数的过程。

C51 编译器支持在 C 源程序中直接以函数形式编写中断服务程序。常用的中断函数定义语法如下。

  void 函数名()   interrupt *n*

其中 *n* 为中断类型号，C51 编译器允许 0～31 个中断，*n* 取值范围 0～31。下面给出了 8051 控制器所提供的 5 个中断源所对应的中断类型号和中断服务程序入口地址。

中断源	*n*	入口地址
外部中断 0	0	0003H
定时/计数器 0	1	000BH
外部中断 1	2	0013H
定时/计数器 1	3	001BH
串行口	4	0023H

五、实验内容及步骤

(1) 搭建仿真电路图，如图 8-2 所示。本实验使用 P1 口、P2 口连接 16 个发光二极管的负极，另一端接电源。

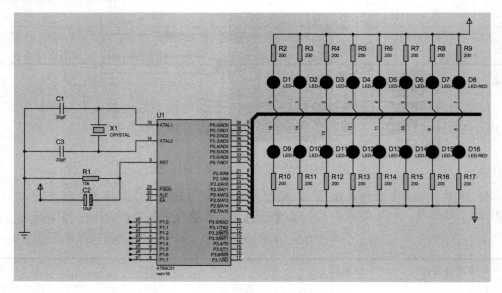

图 8-2 实验八的参考仿真电路图

(2) 通过建立工程 8-1，把以下程序代码放到 Keil 编译软件工具中，生成 HEX 文件，加载到仿真电路图中，看显示效果。

参考源程序的代码如下：

```
#include<reg51.h>
#include<intrins.h>
#define uchar unsigned char
#define uint unsigned int
//主程序
void main()
```

```
{
    uchar T_Count=0;
    P0=0xfe;
    P2=0xfe;
    TMOD=0x01;                          //定时器 0 工作方式 1
    TH0=(65536-40000)/256;              //40ms 定时
    TL0=(65536-40000)%256;
    TR0=1;                              //启动定时器
    while(1)
    {
        if(TF0==1)
        {
            TF0=0;
            TH0=(65536-40000)/256;      //恢复初值
            TL0=(65536-40000)%256;
            if(++T_Count==5)
            {
                P0=_crol_(P0,1);
                P2=_crol_(P2,1);
                T_Count=0;
            }
        }
    }
}
```

(3) 仿真成功后，将代码下载到试验箱继续调试。

(4) 根据功能要求，自行设计电路和程序。给出的部分程序代码仅供参考。

/*名称：定时器控制 4 个 LED 滚动闪烁。说明：4 只 LED 在定时器控制下滚动闪烁。*/

参考源程序的部分代码如下：

```
#include<reg51.h>
#define uchar unsigned char
#define uint unsigned int
sbit B1=P0^0;
sbit G1=P0^1;
sbit R1=P0^2;
sbit Y1=P0^3;
uint i,j,k;
//主程序
void main()
{
    i=j=k=0;
    P0=0xff;
    TMOD=_____;           //定时器 0 工作方式 2
    TH0=_____;            //200us 定时
    TL0=_____;
    IE=0x82;
    TR0=_____;            //启动定时器
    while(1);
}
//T0 中断函数
void LED_Flash_and_Scroll() interrupt _____
```

```
    {
        if(++k<35) return;          //定时中断若干次后执行闪烁
        k=0;
        switch(i)
        {
            case 0: B1=~B1;break;
            case 1: G1=~G1;break;
            case 2: R1=~R1;break;
            case 3: Y1=~Y1;break;
            default:i=0;
        }
        if(++j<300) return;         //每次闪烁持续一段时间
        j=0;
        P0=0xff;                    //关闭显示
        _____;               //切换到下一个 LED
    }
```

六、实验报告

学生在实验结束后必须完成实验报告。实验报告必须包括实验预习、实验记录、思考题三部分内容。实验记录应该忠实地描述操作过程，并提供操作步骤以及调试程序的源代码。

具体实验报告的书写按照实验报告纸的要求逐项完成。

七、其他说明

(1) 设计程序并添加注释。
(2) 把设计的 Proteus 仿真图，写入实验报告。
(3) 思考题：
① 51 系列单片机在同一级别里除串行口外，级别最低的中断源是哪个？
② 51 系列单片机有哪几个中断源？
③ 在定时/计数器的计数初值计数中，若设最大计算值为 M，则其在工作方式一下的 M 的值为多少？
④ 如果定时器控制寄存器 TCON 中的 IT1 和 IT0 位为 0，则其外部中断请求信号方式是什么？
⑤ 5 个外部中断源所对应的中断类型号分别是什么？
⑥ 当定时/计数器在工作方式 1 下，晶振频率为 6MHz，其最短定时时间和最长定时时间各是多少？

(4) 技能提高：利用仿真图，修改程序代码，实现以下功能：定时器 T0 定时控制上一组 LED，滚动速度较快；定时器 T1 定时控制下一组 LED，滚动速度较慢，设计方案如何修改？

评价标准：硬件电路原理图修改、软件程序修改、软硬件联调、实物连接。

实验九 中断实现门铃设计与仿真实验

一、实验目的

(1) 掌握中断系统的基本工作原理。
(2) 掌握中断系统的基本结构及相关寄存器的设置。
(3) 掌握 C 语言关于中断系统的相关编程。
(4) 会利用单片机的中断系统实现中断控制功能。
(5) 能完成单片机的中断系统相关电路的设计。
(6) 能应用 C 语言程序完成单片机中断系统初始化及相关编程控制,实现对中断系统应用于相关电路的设计、运行及调试。

实验九 中断实现门铃设计与仿真实验

二、实验任务

(1) 实现用定时器设计的门铃效果。
(2) 实现定时器控制 10 秒的秒表显示的设计与仿真演示,时间间隔为 0.1 秒。其中按键的功能说明:首次按键计时开始,再次按键时暂停,第三次按键时清零。

三、实验条件

硬件环境:学生自带笔记本电脑、普中科技开发板。
软件工具:Keil 编程软件、Proteus 仿真软件、开发板 USB 转串口 CH340 驱动软件、烧写软件。

四、实验原理

1. 中断的基本概念

中断是指通过硬件来改变 CPU 的运行方向。计算机在执行程序的过程中,外部设备向 CPU 发出中断请求信号,要求 CPU 暂时中断当前程序的执行而转去执行相应的处理程序,待处理程序执行完毕后,再继续执行原来被中断的程序。这种程序在执行过程中由于外界的原因而被中间打断的情况称为"中断"。

(1) 中断服务程序。CPU 响应中断后,转去执行相应的处理程序,该处理程序通常称之为中断服务程序。
(2) 主程序。原来正常运行的程序称为主程序。
(3) 断点。主程序被断开的位置(或地址)称为断点。
(4) 中断源。引起中断的原因,或能发出中断申请的来源,称为中断源。
(5) 中断请求。中断源要求服务的请求称为中断请求(或中断申请)。

2. 中断响应

中断响应是指 CPU 对中断源中断请求的响应。CPU 并非任何时刻都能响应中断请求，而是在满足所有中断响应条件、且不存在任何一种中断阻断情况时才会响应。

CPU 响应中断的条件有：①有中断源发出中断请求；②中断总允许位 EA 置 1；③申请中断的中断源允许位置 1。

CPU 响应中断的阻断情况有：①CPU 正在响应同级或更高优先级的中断；②当前指令未执行完；③正在执行中断返回或访问寄存器 IE 和 IP。

3. 中断标志位

每一个中断源都有相应的中断标志位；某一个中断源申请中断，相应中断标志位置 1。中断源与中断标志位的对应关系如下图所示。

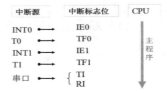

4. 中断允许位

EA 为总中断允许位，当为 EA=1 时开放所有中断，当 EA=0 时，禁止所有中断；某一个中断源还有相应的中断允许位，该位为 1 时允许相应中断源的中断，该位为 0 时禁止相应中断源的中断。常见的中断源与中断允许位如下所示。

5. 中断响应时间

中断响应时间是指从中断请求标志位置位到 CPU 开始执行中断服务程序的第一条语句所需要的时间。

(1) 中断请求不被阻断的情况。外部中断响应时间至少需要 3 个机器周期，这是最短的中断响应时间。一般来说，若系统中只有一个中断源，则中断响应时间为 3~8 个机器周期。

(2) 中断请求被阻断的情况。如果系统不满足所有中断响应条件，或者存在任何一种中断阻断情况，那么中断请求将被阻断，中断响应时间将会延长。

五、实验内容及步骤

(1) 搭建仿真电路图 1，如图 9-1 所示。本实验使用 P1 口、P2 口连接 16 个发光二极管的负极，另一端接电源。

第一部分 基础实验部分

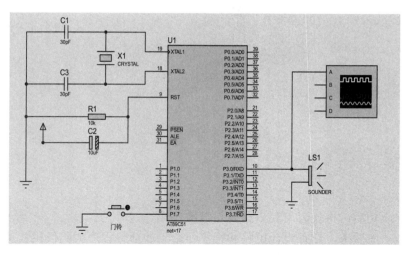

图 9-1 实验九的参考仿真电路图 1

(2) 通过建立工程 9-1，把以下程序代码放到 Keil 编译软件工具中，生成 HEX 文件，加载到实验九参考仿真电路图 1 中，看显示效果。

参考源程序的代码如下：

```
#include<reg51.h>
#define uchar unsigned char
#define uint unsigned int
sbit Key=P1^7;
sbit DoorBell=P3^0;
uint p=0;
//主程序
void main()
{
    DoorBell=0;
    TMOD=0x00;              //T0 方式 0
    TH0=(8192-700)/32;      //700μs 定时
    TL0=(8192-700)%32;
    IE=0x82;
    while(1)
    {
        if(Key==0)          //按下按键启动定时器
        {
            TR0=1;
            while(Key==0);
        }
    }
}
//T0 中断控制点阵屏显示
void Timer0() interrupt 1
{
    DoorBell=~DoorBell;
    p++;
    if(p<400)               //若需要拖长声音，可以调整 400 和 800
    {
        TH0=(8192-700)/32;  //700μs 定时
```

```
            TL0=(8192-700)%32;
        }
    else if(p<800)
    {
        TH0=(8192-1000)/32;    //1ms 定时
        TL0=(8192-1000)%32;
    }
    else
    {
        TR0=0;
        p=0;
    }
}
```

(3) 仿真成功后，将代码下载到试验箱继续调试。

(4) 根据功能要求，自行设计电路和程序。给出的部分程序代码仅供参考。

/*名称：定时器控制10秒的秒表显示设计。其中按键的功能说明：首次按键计时开始，再次按键时暂停，第三次按键时清零。参考仿真电路图2如图9-2所示*/

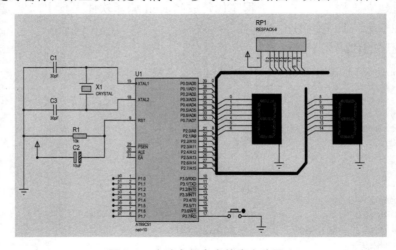

图 9-2　实验九的参考仿真电路图 2

参考源程序的代码如下：

```
#include<reg51.h>
#define uchar unsigned char
#define uint unsigned int
sbit K1=P3^7;
uchar
i,Second_Counts,Key_Flag_Idx;
bit Key_State;
uchar
DSY_CODE[]=
{0x3f,0x06,0x5b,0x4f,0x66,0x6d,0x7d,0x07,0x7f,0x6f};
//延时
void DelayMS(uint ms)
{
    uchar t;
    while(ms--) for(t=0;t<120;t++);
}
```

```c
//处理按键事件
void Key_Event_Handle()
{
    if(Key_State==0)
    {
        Key_Flag_Idx=(Key_Flag_Idx+1)%3;
        switch(Key_Flag_Idx)
        {
            case 1: EA=1;ET0=1;TR0=1;break;
            case 2: EA=0;ET0=0;TR0=0;break;
            case 0: P0=0x3f;P2=0x3f;i=0;Second_Counts=0;
        }
    }
}
//主程序
void main()
{
    P0=0x3f;  //显示 00
    P2=0x3f;
    i=0;
    Second_Counts=0;
    Key_Flag_Idx=0;  //按键次数(取值 0,1,2,3)
    Key_State=1;     //按键状态
    TMOD=0x01;       //定时器0 方式1
    TH0=(65536-50000)/256;  //定时器0:15ms
    TL0=(65536-50000)%256;
    while(1)
    {
        if(Key_State!=K1)
        {
            DelayMS(10);
            Key_State=K1;
            Key_Event_Handle();
        }
    }
}
//T0 中断函数
void DSY_Refresh() interrupt 1
{
    TH0=(65536-50000)/256;    //恢复定时器0 初值
    TL0=(65536-50000)%256;
    if(++i==2)                //50ms*2=0.1s 转换状态
    {
        i=0;
        Second_Counts++;
        P0=DSY_CODE[Second_Counts/10];
        P2=DSY_CODE[Second_Counts%10];
        if(Second_Counts==100) Second_Counts=0;
            //满100(10s)后显示00
    }
}
```

六、实验报告

学生在实验结束后必须完成实验报告。实验报告必须包括实验预习、实验记录、思考题三部分内容。实验记录应该忠实地描述操作过程,并提供操作步骤以及调试程序的源代码。

具体实验报告的书写按照实验报告纸的要求逐项完成。

七、其他说明

(1) 设计程序并添加注释。

(2) 把设计的 Proteus 仿真图,写入实验报告。

(3) 思考题:

① 51 系列单片机在同一级别里除串行口外,级别最低的中断源是哪个?

② 51 系列单片机有哪几个中断源?

③ 在定时/计数器的计数初值计数中,若设最大计算值为 M,则其在工作方式一下的 M 的值为多少?

④ 如果定时器控制寄存器 TCON 中的 IT1 和 IT0 位为 0,则其外部中断请求信号方式是什么?

⑤ 五个外部中断源所对应的中断类型号分别是什么?

⑥ 当定时/计数器在工作方式 1 下,晶振频率为 6MHz,其最短定时时间和最长定时时间各是多少?

(4) 技能提高:独立设计一段代码,要求 INT0 中断计数,说明:每次按下计数键时触发 INT0 中断,中断程序累加计数,计数值显示在 2 只数码管上,按下清零键时数码管清零,电路如何连接?程序如何设计?

评价标准:硬件电路原理图修改、软件程序修改、软硬件联调、实物连接。

实验十 100 以内按键计数实验

一、实验目的

(1) 掌握中断系统的基本工作原理。

(2) 掌握中断系统的基本结构及相关寄存器的设置。

(3) 掌握 C 语言关于中断系统的相关编程。

(4) 会利用单片机的中断系统实现中断控制功能。

(5) 能完成单片机的中断系统相关电路设计。

(6) 理解中断标志及中断工作过程。

(7) 能应用 C 语言程序完成单片机中断系统初始化及相关编程控制,实现对中断系统应用于相关电路的设计、运行及调试。

实验十 100 以内按键计数实验

二、实验任务

(1) 采用仿真电路 1,实现用计数器中断实现 100 以内的按键计数的功能。

名称:用计数器中断实现 100 以内的按键计数。

说明：用 T0 计数器中断实现按键技术，由于计数寄存器初值为 255，因此 P3.4 引脚的每次负跳变都会触发 T0 中断，实现计数值累加。计数器的清零用外部中断 0 控制。

(2) 采用仿真电路 2，单片机控制 P2 口的 8 只 LED 灯，在外部中断 0 输入引脚接开关，控制 LED 灯的点亮方式，外部中断为下降沿触发。程序启动时 P2 口的 8 只 LED 灯全亮。每按一次按键，低 4 位的 LED 与高 4 位的 LED 交替闪烁 6 次后，8 只 LED 灯全亮。

三、实验条件

硬件环境：学生自带笔记本电脑、普中科技开发板。

软件工具：Keil 编程软件、Proteus 仿真软件、开发板 USB 转串口 CH340 驱动软件、烧写软件。

四、实验原理

1. 中断技术的优点

(1) 分时操作：CPU 可以同多个外设"同时"工作。
(2) 实时处理：CPU 及时处理随机事件。
(3) 故障处理：电源掉电、存储出错、运算溢出。

2. 中断处理过程

中断处理过程分为 3 个阶段：中断响应、中断处理和中断返回。

(1) 中断响应：在满足 CPU 的中断响应条件之后，CPU 对中断源的中断请求予以处理。

中断响应过程：保护断点地址；把程序转向中断服务程序的入口地址(通常称矢量地址)。特别注意：这些工作是硬件自动完成的。

中断服务子程序入口地址又称为中断矢量或中断向量。单片机中 5 个中断源的矢量地址是固定的，不能改动。

(2) 中断处理。中断服务程序从中断子程序入口地址开始执行，直到返回为止，这个过程称为中断处理(或中断服务)。

中断服务子程序一般包括两部分内容：一是保护和恢复现场；二是处理中断源的请求。

单片机的中断为固定入口式中断，即一响应中断就转入固定入口地址执行中断服务程序。具体入口如下：

编号	中断源	入口地址
0	INT0	0003H
1	T0	000BH
2	INT1	0013H
3	T1	001BH
4	RI/TI	0023H

在这些单元中往往是一些跳转指令，跳到真正的中断服务程序，这是因为给每个中断源安排的空间只有 8 个单元。

8051 的 CPU 在响应中断请求时，由硬件自动形成转向与该中断源对应的服务程序入口地址，这种方法为硬件向量中断法。

C51 编译器支持在 C 源程序中直接开发中断程序，因此减轻了用汇编语言开发中断程序的烦琐过程。

使用该扩展属性的函数定义语法如下：

返回值　函数名　interrupt n，n 对应中断源的编号

(3) 响应时间：从查询中断请求标志位到转向中断服务入口地址所需的机器周期数。

① 最快响应时间。以外部中断的电平触发为最快。从查询中断请求信号到中断服务程序需要 3 个机器周期：1 个周期(查询)+2 个周期(长调用 LCALL)

② 最长时间。若当前指令是 RET、RETI 和 IP、IE 指令，紧接着下一条是乘除指令发生，则最长为 8 个周期，即

2 个周期执行当前指令(其中含有 1 个周期查询)+4 个周期乘除指令+2 个周期长调用=8 个周期

(4) 中断返回：中断处理程序的最后一条指令是 RETI，它使 CPU 结束中断处理程序的执行，返回到断点处，继续执行主程序。

在中断返回前，应该撤除该中断请求，否则会引起重复中断。

(5) 寄存器组切换：若程序流程转向新任务，新任务使用的各寄存器破坏了第一个任务使用的中间信息。当第一个任务重新执行时，寄存器的值可导致错误的发生。解决问题的方法是当运行一个中断任务时，采用不同的寄存器组。

当前工作寄存器由 PSW 中的两位设置也可使用 using 指定，using 后的变量为一个 0～3 的常整数。

using 对函数的目标代码影响如下：函数入口处将当前寄存器组保留；使用指定的寄存器组；函数退出前寄存器组恢复。

例如：

```
void function(void) using 3
    {...
    }
```

中断服务函数的完整语法如下：

返回值　函数名([参数])　interrupt n [using n];

interrupt 后接一个 0～31 的常整数，不允许使用表达式。

五、实验内容及步骤

(1) 搭建仿真电路图 1，如图 10-1 所示。实现用计数器中断实现 100 以内的按键计数的功能。

名称：用计数器中断实现 100 以内的按键计数。

说明：用 T0 计数器中断实现按键技术，由于计数寄存器初值为 255，因此 P3.4 引脚

的每次负跳变都会触发 T0 中断，实现计数值累加。计数器的清零用外部中断 0 控制。

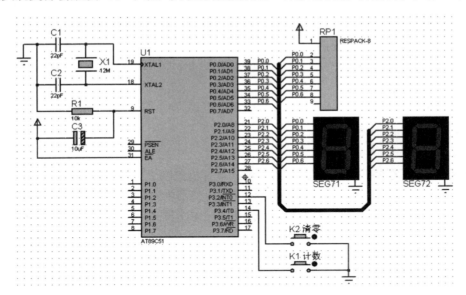

图 10-1　实验十的参考仿真电路图 1

（2）通过建立工程 10-1，把以下程序代码放到 Keil 编译软件工具中，生成 HEX 文件，加载到实验十的参考仿真电路图 1 中，看显示效果。

参考源程序的代码如下：

```
#include<reg51.h>
#define uchar unsigned char
#define uint unsigned int
//段码
uchar code
DSY_CODE[]=
{0x3f,0x06,0x5b,0x4f,0x66,0x6d,0x7d,0x07,0x7f,0x6f,0x00};
uchar Count=0;
//主程序
void main()
{
    P0=0x00;
    P2=0x00;
    TMOD=0x06;        //计数器 T0 方式 2
    TH0=TL0=256-1;    //计数值为 1
    ET0=1;            //允许 T0 中断
    EX0=1;            //允许 INT0 中断
    EA=1;             //允许 CPU 中断
    IP=0x02;          //设置优先级，T0 高于 INT0
    IT0=1;            //INT0 中断触发方式为下降沿触发
    TR0=1;            //启动 T0
    while(1)
    {
        P0=DSY_CODE[Count/10];
        P2=DSY_CODE[Count%10];
    }
```

```
//T0 计数器中断函数
void Key_Counter() interrupt 1
{
    Count=(Count+1)%100;
        //因为只有两位数码管,计数控制在 100 以内(00~99)
}
//INT0 中断函数
void Clear_Counter() interrupt 0
{
    Count=0;
}
```

(3) 搭建仿真电路图 2,如图 10-2 所示。单片机控制 P2 口的 8 只 LED 灯,在外部中断 0 输入引脚接开关,控制 LED 灯的点亮方式,外部中断为下降沿触发。程序启动时 P2 口的 8 只 LED 灯全亮。每按一次按键,低 4 位的 LED 与高 4 位的 LED 交替闪烁 6 次后,8 只 LED 灯全亮。

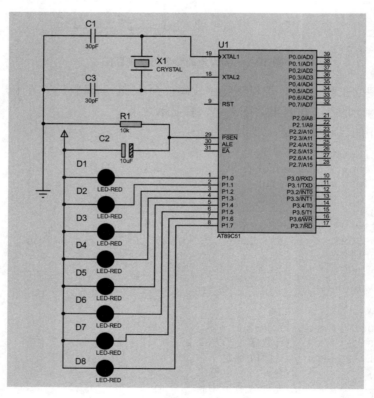

图 10-2 实验十的参考仿真电路图 2

参考源程序的代码如下:

```
#include <reg51.h>              //库文件声明
#define uint unsigned int       //宏定义无符号整形变量
#define uchar unsigned char
void delay(uint t)              //延时函数
{
```

```
    uint i,j;
    for(i=t;i>0;i--)
    {
       for(j=110;j>0;j--);
    }
}
void main( )                    //主函数
{
  EA=1;
  EX0=1;                        //启动外部中断 0
  IT0=1;
  while(1)
  {
     P2=0;
  }
}
void int0()  interrupt  0  //外部中断 0 的中断服务函数
{
    uchar m;
    for(m=0; m<6; m++)
    {
        P2=0x0f;
        delay(1000);
        P2=0xf0;
        delay(1000);
    }
}
```

六、实验报告

学生在实验结束后必须完成实验报告。实验报告必须包括实验预习、实验记录、思考题三部分内容。实验记录应该忠实地描述操作过程，并提供操作步骤以及调试程序的源代码。

具体实验报告的书写按照实验报告纸的要求逐项完成。

七、其他说明

(1) 设计程序并添加注释。

(2) 把设计的 Proteus 仿真图，写入实验报告。

(3) 思考题：

① 如果定时器控制寄存器 TCON 中的 IT1 和 IT0 位为 0，则其外部中断请求信号方式是什么？

② 5 个外部中断源所对应的中断类型号分别是什么？

③ 当定时/计数器在工作方式 1 下，晶振频率为 6MHz，其最短定时时间和最长定时时间各是多少？

④ 外部中断有哪两种触发方式？如何选择和设定？

(4) 技能提高：独立设计一段代码，要求使用 INT0 中断计数，说明：每次按下计数键时触发 INT0 中断,中断程序累加计数,计数值显示在两只数码管上,按下清零键时数码管清零,电路如何连接?程序如何设计?

评价标准:硬件电路原理图修改、软件程序修改、软硬件联调、实物连接。

实验十一 外部中断计数实验

实验十一 外部中断计数实验

一、实验目的

通过使用 INT0 及 INT1 中断计数显示的设计与仿真演示,熟练掌握 51 系列外部中断 INT0、INT1 及中断基本概念,理解中断标志及中断工作过程。

二、实验任务

编写代码实现以下功能:每次按下第 1 个计数键时,第 1 组计数值累加并显示在右边 3 只数码管上,每次按下第 2 个计数键时,第 2 组计数值累加并显示在左边 3 只数码管上,后两个按键分别清零。

三、实验条件

硬件环境:学生自带笔记本电脑、普中科技开发板。

软件工具:Keil 编程软件、Proteus 仿真软件、开发板 USB 转串口 CH340 驱动软件、烧写软件。

四、实验原理

1. IP 寄存器——中断优先级寄存器

51 单片机有两个中断优先级——高级和低级。

专用寄存器 IP 为中断优先级寄存器,其格式如图 11-1 所示,用户可用软件设定。相应位为 1,对应的中断源被设置为高优先级,相应位为 0,对应的中断源被设置为低优先级系统复位时,均为低优先级。

该寄存器可以位寻址。

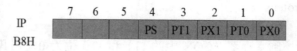

图 11-1 IP 寄存器格式

2. 中断优先级处理原则

对同时发生多个中断申请时:
- 不同优先级的中断同时申请(很难遇到)——先高后低;
- 相同优先级的中断同时申请(很难遇到)——按序执行;

- 正处理低优先级中断又接到高级别中断——高打断低；
- 正处理高优先级中断又接到低级别中断——高不理低。

3. 中断请求的撤除

CPU 响应某中断请求后，在中断返回前，应该撤除该中断请求，否则会引起另一次中断。

定时器 0 或 1 溢出：CPU 在响应中断后，硬件清除了有关的中断请求标志 TF0 或 TF1，即中断请求是自动撤除的。

边沿激活的外部中断：CPU 在响应中断后，也是用硬件自动清除有关的中断请求标志 IE0 或 IE1。

串行口中断：CPU 响应中断后，没有用硬件清除 T1、R1，故这些中断不能自动撤除，而要靠软件来清除相应的标志。

4. 电平激活的外部中断源中断标志的撤除

(1) 电平触发外部中断撤除方法较复杂。因为在电平触发方式中，CPU 响应中断时不会自动清除 IE1 或 IE0 标志，所以在响应中断后应立即撤除 INT0 或 INT1 引脚上的低电平。

(2) 在硬件上，CPU 对 INT0 和 INT1 引脚的信号不能控制，所以这个问题要通过硬件，再配合软件来解决。

5. 中断系统的应用

中断控制实质上是对 4 个寄存器 TCON、SCON、IE、IP 进行管理和控制，具体如下。

(1) CPU 的开、关中断。
(2) 具体中断源中断请求的允许和禁止(屏蔽)。
(3) 各中断源优先级别的控制。
(4) 外部中断请求触发方式的设定。

中断管理和控制程序一般都包含在主程序中，根据需要通过几条指令来完成。

中断服务程序是一种具有特定功能的独立程序段，可根据中断源的具体要求进行服务。

6. 中断应用前后要做的几项工作

(1) 中断前的工作如下。

开中断允许：必需
选择优先级：根据需要选择，可有/可无
设置控制位：INTx——触发方式(ITx)
　　　　　　Tx——TCON，TMOD，TRx，初值，……
　　　　　　RI/TI——SCON，REN，RB8，TB8，……

(2) 中断后的工作如下。

进入中断服务后：保护现场，关中断，……
退出中断服务前：恢复现场，开中断，设 Tx 的初值，清 TI/RI，……

7. 外部中断源的扩展

单片机仅有两个外部中断输入端。

可用两种方法扩展：(1)定时器 T0、T1(工作在计数方式下)；(2)中断和查询结合。

五、实验内容及步骤

(1) 根据实验内容提示，本实验使用 P0 口控制一个数码管，用 P2 口控制一个数码管，组成一个两位静态显示数码管。在 Proteus 中完成搭建仿真电路图，如图 11-2 所示。

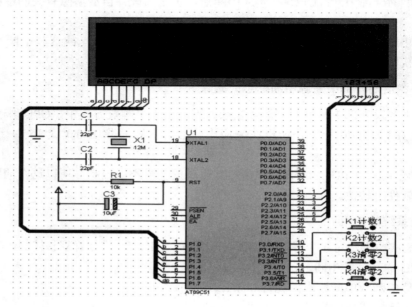

图 11-2 实验十一的参考仿真电路图

(2) 通过建立工程 11-1，把以下程序代码放到 Keil 编译软件工具中，生成 HEX 文件，加载到实验十一参考仿真电路图中，看显示效果。

参考源程序的代码如下：

```c
#include<reg51.h>
#define uchar unsigned char
#define uint unsigned int
sbit K3=P3^4;  //两个清零键
sbit K4=P3^5;
//数码管段码与位码
uchar code DSY_CODE[]={0xc0,
0xf9,0xa4,0xb0,0x99,0x92,0x82,0xf8,0x80,0x90,0xff};
uchar code DSY_Scan_Bits[]=
{0x20,0x10,0x08,0x04,0x02,0x01};
//2 组计数的显示缓冲，前 3 位一组，后 3 位一组
uchar data Buffer_Counts[]={0,0,0,0,0,0};
uint Count_A,Count_B=0;
//延时
void DelayMS(uint x)
```

```c
{
    uchar t;
    while(x--) for(t=0;t<120;t++);
}
//数据显示
void Show_Counts()
{
    uchar i;
    Buffer_Counts[2]=Count_A/100;
    Buffer_Counts[1]=Count_A%100/10;
    Buffer_Counts[0]=Count_A%10;
    if( Buffer_Counts[2]==0)
    {
        Buffer_Counts[2]=0x0a;
        if( Buffer_Counts[1]==0)
        Buffer_Counts[1]=0x0a;
    }
    Buffer_Counts[5]=Count_B/100;
    Buffer_Counts[4]=Count_B%100/10;
    Buffer_Counts[3]=Count_B%10;
    if( Buffer_Counts[5]==0)
    {
        Buffer_Counts[5]=0x0a;
        if( Buffer_Counts[4]==0)
        Buffer_Counts[4]=0x0a;
    }
    for(i=0;i<6;i++)
    {
        P2=DSY_Scan_Bits[i];
        P1=DSY_CODE[Buffer_Counts[i]];
        DelayMS(1);
    }
}
//主程序
void main()
{
    IE=0x85;
    PX0=1;  //中断优先
    IT0=1;
    IT1=1;
    while(1)
    {
        if(K3==0) Count_A=0;
        if(K4==0) Count_B=0;
        Show_Counts();
    }
}
//INT0 中断函数
void EX_INT0() interrupt 0
{
    Count_A++;
}
//INT1 中断函数
void EX_INT1() interrupt 2
{
    Count_B++;
}
```

六、实验报告

学生在实验结束后必须完成实验报告。实验报告必须包括实验预习、实验记录、思考题三部分内容。实验记录应该忠实地描述操作过程,并提供操作步骤以及调试程序的源代码。

具体实验报告的书写按照实验报告纸的要求逐项完成。

七、其他说明

(1) 设计程序并添加注释。

(2) 把设计的 Proteus 仿真图,写入实验报告。

(3) 思考题:

① 使用 T1 定时器中断试一次,效果是否一样?

② 51 系列单片机的定时器 T0 用作定时方式时,采用工作方式 1,则初始化编程为什么?

③ 要使 51 系列单片机的定时器 T0 启动计数和停止计数,怎么处理 TCON(控制寄存器)。

④ 51 系列单片机在同一级别里除串行口外,级别最低的中断源是哪个?

(4) 技能提高:结合之前所做实验内容,实现按键控制 8×8 的 LED 点阵屏显示图形。说明:每次按下 K1 时,会使 8×8 的 LED 点阵屏循环显示不同图形。搭建电路图,参考下列程序代码,建立工程,综合调试,得出效果。本例同时使用外部中断和定时中断,电路如何连接?程序如何设计?

参考源程序的代码如下:

```c
#include<intrins.h>
#define uchar unsigned char
#define uint unsigned int
//待显示图形编码
uchar code M[][8]=
{
    {0x00,0x7e,0x7e,0x7e,0x7e,0x7e,0x7e,0x00}, //图1
    {0x00,0x38,0x44,0x54,0x44,0x38,0x00,0x00}, //图2
    {0x00,0x20,0x30,0x38,0x3c,0x3e,0x00,0x00}  //图3
};
uchar i,j;
//主程序
void main()
{
    P0=0xff;
    P1=0xff;
    TMOD=0x01;  //T0 方式 1
    TH0=(65536-2000)/256;  //2ms 定时
    TL0=(65536-2000)%256;
    IT0=1;  //下降沿触发
    IE=0x83;  //允许定时器 0、外部 0 中断
```

```
        i=0xff;                  //i 的初值设为 0xff，加 1 后将从 0 开始
        while(1);
}
//T0 中断控制点阵屏显示
void Show_Dot_Matrix() interrupt 1
{
        TH0=(65536-2000)/256;    //恢复初值
        TL0=(65536-2000)%256;
        P0=0xff;                 //输出位码和段码
        P0=~M[i][j];
        P1=_crol_(P1,1);
        j=(j+1)%8;
}
//INT0 中断(定时器由键盘中断启动)
void Key_Down() interrupt 0
{
        P0=0xff;
        P1=0x80;
        j=0;
        i=(i+1)%3;               //i 在 0，1，2 中取值，因为只要 3 个图形
        TR0=1;
}
```

评价标准：硬件电路原理图修改、软件程序修改、软硬件联调、实物连接。

实验十二　甲机通过串口控制乙机 LED 实验

一、实验目的

通过将甲机使用串口方式发送控制命令字符的设计与仿真演示，掌握单片机串口中断(发送和接受)的设计方法，综合、灵活运用 C 语言进行编程。

实验十二　甲机通过串口控制乙机 LED 实验

二、实验任务

编写代码完成甲单片机负责向外发送控制命令字符"A""B""C"，或者停止发送，乙单片机根据所接收到的字符完成 LED1 闪烁、LED2 闪烁、双闪烁或停止闪烁的效果。

三、实验条件

硬件环境：学生自带笔记本电脑、普中科技开发板。

软件工具：Keil 编程软件、Proteus 仿真软件、开发板 USB 转串口 CH340 驱动软件、烧写软件。

四、实验原理

1. 两种通信方式

并行通信和串行通信两种方式的工作原理如图 12-1 所示。

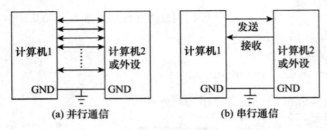

图 12-1 并行通信和串行通信工作原理示意图

并行通信中,信息传输的位数和数据位数相等;串行通信中,数据一位一位地按顺序传送。

并行通信速度快,传输线多,适合于近距离的数据通信,但硬件接线成本高;串行通信速度慢,但硬件成本低,传输线少,适合于长距离数据传输。

2. 串行通信的制式

在串行通信中数据是在两个站之间进行传送的,按照数据传送方向,串行通信可分为单工(simplex)、半双工(half duplex)和全双工(full duplex)三种制式。

在单工制式下,通信线的一端是发送器,一端是接收器,数据只能按照一个固定的方向传送。

在半双工制式下,系统的每个通信设备都由一个发送器和一个接收器组成,但同一时刻只能有一个设备发送,一个设备接收。两个方向上的数据传送不能同时进行,即只能一端发送,一端接收,其收发开关一般是由软件控制的电子开关。

全双工通信系统的每端都有发送器和接收器,可以同时发送和接收,即数据可以在两个方向上同时传送。

3. 异步通信

在异步通信中,数据通常是以字符为单位组成字符帧传送的。字符帧由发送端一帧一帧地发送,每一帧数据是低位在前,高位在后,通过传输线被接收端一帧一帧地接收。发送端和接收端可以由各自独立的时钟来控制数据的发送和接收,这两个时钟彼此独立,互不同步。

在异步通信中,接收端是依靠字符帧格式来判断发送端是何时开始发送,何时结束发送的。

字符帧也叫数据帧,由起始位、数据位、奇偶校验位和停止位四部分组成。

异步通信的另一个重要指标为波特率。

波特率为每秒钟传送二进制数码的位数,也叫比特数,单位为 b/s,即位/秒。波特率用于表征数据传输的速度,波特率越高,数据传输速度越快。通常,异步通信的波特率为 50~9600b/s。

4. 同步通信

同步通信是一种连续串行传送数据的通信方式,一次通信只传输一帧信息。这里的信息帧和异步通信的字符帧不同,通常有若干个数据字符,但它们均由同步字符、数据字符和校验字符三部分组成。在同步通信中,同步字符可以采用统一的标准格式,也可以由用户约定。

5. 51 系列单片机的串行接口

51 系列单片机的串行接口结构如图 12-2 所示。串行接口有时可简称串行口或串品。

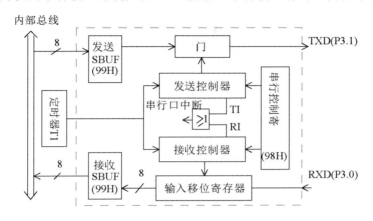

图 12-2　51 系列单片机的串行接口结构

SBUF 是两个在物理上独立的串行接收、发送缓冲寄存器(可简称缓冲器)，一个用于存放接收到的数据，另一个用于存放待发送的数据，可同时发送和接收数据。两个缓冲器共用一个地址 99H，通过对 SBUF 缓冲器的读、写语句来区别是对接收缓冲器还是发送缓冲器进行操作。CPU 在写 SBUF 时，操作的是发送缓冲器；读 SBUF 时，就是读接收缓冲器的内容。

```
SBUF=send[i];    // 发送第 i 个数据
buffer[i]=SBUF;  //接收数据
```

6. 串行口控制寄存器 SCON

串行口控制寄存器 SCON 的格式及工作方式设置如图 12-3 所示。

SCON　(98H)

| SM0 | SM1 | SM2 | REN | TB8 | RB8 | TI | RI |

串行口的工作方式

SM0	SM1	工作方式	功能	波特率
0	0	方式0	8位同步移位寄存器	$f_{osc}/12$
0	1	方式1	12位UART	可变
1	0	方式2	11位UART	$f_{osc}/64$或$f_{osc}/32$
1	1	方式3	11位UART	可变

图 12-3　串行口控制寄存器 SCON 的格式及工作方式设置

SM2：多机通信控制位，用于方式 2 和方式 3 中。
REN：允许串行接收位，由软件置位或清零。REN=1 时，允许接收，REN=0 时，禁止接收。

TB8：发送数据的第 9 位。在方式 2 和方式 3 中，由软件置位或复位。一般可做奇偶校验位。在多机通信中，可作为区别地址帧或数据帧的标识位，一般约定地址帧时 TB8 为 1，数据帧时 TB8 为 0。

RB8：接收数据的第 9 位。功能同 TB8。

TI：发送中断标志位。在方式 0 中，发送完 8 位数据后，由硬件置位；在其他方式中，在发送停止位之初由硬件置位。因此，TI=1 是发送完一帧数据的标志，其状态既可供软件查询使用，也可请求中断。TI 位必须由软件清 0。

RI：接收中断标志位。在方式 0 中，接收完 8 位数据后，由硬件置位；在其他方式中，当接收到停止位时该位由硬件置 1。因此，RI=1 是接收完一帧数据的标志，其状态既可供软件查询使用，也可请求中断。RI 位也必须由软件清 0。

五、实验内容及步骤

（1）搭建仿真电路图，如图 12-4 所示。本实验使用 P1 口控制 LED 和按键的数据输入端，用 P3 口各引脚的第二功能进行串口传输。

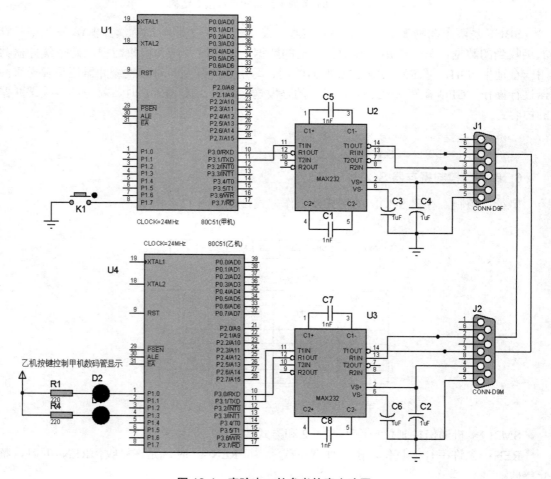

图 12-4　实验十二的参考仿真电路图

(2) 通过建立工程 12-1，把甲机程序代码放到 Keil 编译软件工具中，生成 HEX 文件；建立工程 12-2，把乙机程序代码放到 Keil 编译软件工具中，生成 HEX 文件，分别加载到实验十二的参考仿真电路图中对应的控制器中，看显示效果。

/* 甲机发送程序*/
参考源程序的代码如下：

```c
#include<reg51.h>
#define uchar unsigned char
#define uint unsigned int
sbit LED1=P0^0;
sbit LED2=P0^3;
sbit K1=P1^0;
//延时
void DelayMS(uint ms)
{
    uchar i;
    while(ms--) for(i=0;i<120;i++);
}
//向串口发送字符
void Putc_to_SerialPort(uchar c)
{
    SBUF=c;
    while(TI==0);
    TI=0;
}
//主程序
void main()
{
    uchar Operation_No=0;
    SCON=0x40; //串口模式1
    TMOD=0x20; //T1工作模式2
    PCON=0x00; //波特率不倍增
    TH1=0xfd;
    TL1=0xfd;
    TI=0;
    TR1=1;
    while(1)
    {
        if(K1==0) //按下K1时选择操作代码0，1，2，3
        {
            while(K1==0);
            Operation_No=(Operation_No+1)%4;
        }
        switch(Operation_No) //根据操作代码发送A/B/C或停止发送
        {
            case 0: LED1=LED2=1;
            break;
            case 1: Putc_to_SerialPort('A');
            LED1=~LED1;LED2=1;
            break;
            case 2: Putc_to_SerialPort('B');
            LED2=~LED2;LED1=1;
            break;
```

```
            case 3: Putc_to_SerialPort('C');
                    LED1=~LED1;LED2=LED1;
                    break;
        }
        DelayMS(100);
    }
}

/* 名称：乙机接收程序*/
参考源程序的代码如下：
#include<reg51.h>
#define uchar unsigned char
#define uint unsigned int
sbit LED1=P0^0;
sbit LED2=P0^3;
//延时
void DelayMS(uint ms)
{
    uchar i;
    while(ms--) for(i=0;i<120;i++);
}
//主程序
void main()
{
    SCON=0x50;    //串口模式1，允许接收
    TMOD=0x20;    //T1 工作模式2
    PCON=0x00;    //波特率不倍增
    TH1=0xfd;     //波特率为9600
    TL1=0xfd;
    RI=0;
    TR1=1;
    LED1=LED2=1;
    while(1)
    {
        if(RI)  //如收到则LED闪烁
        {
            RI=0;
            switch(SBUF)  //根据所收到的不同命令字符完成不同动作
            {
                case 'A': LED1=~LED1;LED2=1;break;    //LED1 闪烁
                case 'B': LED2=~LED2;LED1=1;break;    //LED2 闪烁
                case 'C': LED1=~LED1;LED2=LED1;       //双闪烁
            }
        }
        else LED1=LED2=1;  //关闭LED
        DelayMS(100);
    }
}
```

(3) 利用工程12-1和12-2，修改程序代码，实现从甲机发送字符串"457219"到乙机的六位数码管的显示效果。

(4) 仿真成功后，将代码下载到试验箱继续调试。

六、实验报告

学生在实验结束后必须完成实验报告。实验报告必须包括实验预习、实验记录、思考题三部分内容。实验记录应该忠实地描述操作过程，并提供操作步骤以及调试程序的源代码。

具体实验报告的书写按照实验报告纸的要求逐项完成。

七、其他说明

(1) 设计程序并添加注释。
(2) 把设计的 Proteus 仿真图，写入实验报告。
(3) 思考题：
① 串行数据传输速度的指标用什么表示？
② 当串行口工作在方式 0 时，串行数据从哪个接口输入和输出？
③ SCON 是串行口的什么寄存器？
④ 当采用中断方式进行串行数据的发送时，发送完一帧数据后，TI 标志是什么？
(4) 技能提高：查阅详细的技术资料，练习单片机双向传输数据的使用，电路如何连接？程序如何设计？

评价标准：硬件电路原理图修改、软件程序修改、软硬件联调、实物连接。

实验十三　单片机之间双向通信实验

一、实验目的

通过将甲机使用串行口方式发送和接受控制命令字符的设计与仿真演示，掌握单片机串行口中断进行数据双向传输的设计方法，综合、灵活运用 C 语言进行编程。

二、实验任务

(1) 编写代码完成甲机向乙机发送控制命令字符，甲机同时接收乙机发送的数字，并显示在数码管上。

(2) 编写代码完成乙机接收到甲机发送的信号后，根据相应信号控制 LED 完成不同闪烁动作的效果。

三、实验条件

硬件环境：学生自带笔记本电脑、普中科技开发板。

软件工具：Keil 编程软件、Proteus 仿真软件、开发板 USB 转串口 CH340 驱动软件、烧写软件。

四、实验原理

1. 串行通信的分类

(1) 异步通信(Asynchronous Data Communication,ASYNC):帧格式传送,信息量不大;1个起始位,0;5~8个数据位;奇偶校验位;1~2个停止位,0。

(2) 同步通信(Synchronous Data Communication,SYNC):严格同步,发送同步字符,数据连续,信息量大,速度较高。

按数据块传送——把要传送的字符顺序连接起来,数据块前有同步字符,后有检验字符。

2. 波特率

波特率:每秒钟传送二进制数码的位数,也叫比特数,单位为b/s,即位/秒。

通信线上传送的所有位信号都保持一致的信号持续时间,每一位的信号持续时间都由数据传送速度确定。

数据传送速率:每秒传送的二进制代码的位数。

波特率反映了串行通信的速率,也反映了对于传输通道的要求。波特率越高,要求传输通道的频率越宽,一般异步通信的波特率在50b/s~19200b/s之间。

相互通信的甲乙双方必须具有相同的波特率,否则无法成功地完成串行数据通信。

3. 串行通信的基本特征

串行通信的基本特征是数据逐位顺序进行传送。

根据串行通信的格式及约定(如同步方式、通信速率、数据块格式、信号电平等)不同,形成了多种串行通信的协议与接口标准。

4. C51的串行接口

C51的串行接口有一个可编程全双工异步串行通信接口(Universal Asynchronous Receiver/Transmitter,UART)。其管脚为TXD(P3.1)、RXD(P3.0)。

可同时发送、接收数据(Transmit/Receive)。有四种工作方式,帧格式有8、10、11位。波特率(Baud rate)可设置。

5. 串行口的结构

引脚 RXD (P3.0 串行数据接收端);

引脚 TXD (P3.1 串行数据发送端);

SBUF=send[i]:发送数据到串行口引脚;

butter[i]=SBUF:接收数据;

RI:从串行口上接收数据到 SBUF 则 RI=1;

TI:数据从 SBUF 向外发送完则 TI=1。

6. 51 单片机串行口的工作方式

(1) 方式0。在方式0下,串行口用作同步移位寄存器,其波特率固定为fosc/12。串行数据从 RXD(P3.0)端输入或输出，同步移位脉冲由 TXD(P3.1)送出。这种方式通常用于扩展 I/O 口。

(2) 方式 1。51 单片机串行口的工作方式 1 的格式如图 13-1 所示。发送时，当数据写入发送缓冲器 SBUF 后，启动发送器发送，数据从 TXD 引脚输出。当发送完一帧数据后，置中断标志 TI 为 1。方式 1 下的波特率取决于定时器 1 的溢出率和 PCON 寄存器中的 SMOD 位。

图 13-1　51 单片机串行口的工作方式 1 的格式

接收时，REN 位置 1，允许接收，串行口采样 RXD 引脚，当采样由 1 到 0 跳变时，确认是起始位"0"，开始接收一帧数据。当 RI=0，且停止位为 1 或 SM2=0 时，停止位进入 RB8 位，同时置中断标志 RI；否则信息将丢失。所以，采用方式 1 接收时，应先用软件清除 RI 或 SM2 标志。

(3) 方式 2。51 单片机串行口的工作方式 2 的格式如图 13-2 所示。

图 13-2　51 单片机串行口的工作方式 2 的格式

发送时，先根据通信协议由软件设置 TB8，然后将要发送的数据写入 SBUF 缓冲器，启动发送。写 SBUF 的语句，除了将 8 位数据送入 SBUF 外，同时还将 TB8 装入发送移位寄存器的第 9 位，并通知发送控制器进行一次发送，一帧信息即从 TXD 引脚发送。在送完一帧信息后，TI 被自动置 1，在发送下一帧信息之前，TI 必须在中断服务程序或查询程序中清 0。

当 REN=1 时，允许串行口接收数据。当接收器采样到 RXD 引脚的负跳变，并判断起始位有效后，数据由 RXD 引脚输入，开始接收一帧信息。当接收器接收到第 9 位数据后，若同时满足以下两个条件：RI=0 和 SM2=0 或接收到的第 9 位数据为 1，则接收数据有效，将 8 位数据送入 SBUF，第 9 位送入 RB8，并置 RI=1。若不满足上述两个条件，则信息丢失。

(4) 方式 3。方式 3 为波特率可变的 11 位 UART(通用异步收发器)串行通信方式，除了波特率以外，方式 3 和方式 2 完全相同。

7. 串行口的应用

编程注意事项：设置串行口工作方式；设置波特率(SMOD，若是方式 1、3，设置 TI 初值)；若串行口接收数据，REN 必须赋值为 1；TI 和 RI 标志，须由软件清 0；第 9 位。

串行口工作方式 0：用于扩展 I/O 口，外接 74HC164(串入并出)或 165(并入串出)，RXD 作为数据输入/输出端，TXD 作为同步时钟信号，接至时钟端；8 位数据为 1 帧，由低位到高位，无起始位和停止位；波特率为 fosc/12。

串行口工作方式 1：10 位通用异步串行口 UART，1 位起始位、8 位数据、1 位停止位；波特率可调，由定时器 T1 的溢出率(定时时间)决定。当一帧数据接收完毕后，必须同时满足以下条件，这次接收才真正有效；REN=1；RI=0，SBUF 缓冲器为空；SM2=0 或 SM2=1 时，收到停止位为 1，收到的数据才能装到 SBUF 缓冲器里。

串行口工作方式 2 和方式 3：每帧 11 位：1 位起始位、9 位数据(D8～D0)，1 位停止位；第 9 位数据作为奇偶校验位或地址/数据标志位；发送时，第 9 位(D8)数据装入 TB8--串口自动完成；接收时，第 9 位(D8)数据装入 RB8。方式 2，波特率为 fosc/32 或 fosc/64。方式 3，波特率可调，同方式 1。

五、实验内容及步骤

(1) 搭建仿真电路图，如图 13-3 所示。本实验使用 P1 口控制 LED 和按键的数据输入端，用 P3 口的第二功能引脚进行串口传输。

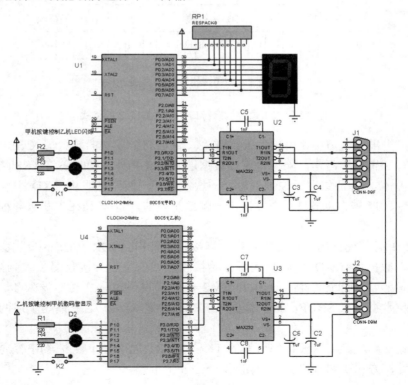

图 13-3　实验十三的参考仿真电路图

(2) 通过建立工程 13-1，把甲机程序代码放到 Keil 编译软件工具中，生成 HEX 文件；建立工程 13-2，把乙机程序代码放到 Keil 编译软件工具中，生成 HEX 文件，分别加载到实验十三的参考仿真电路图对应的控制器中，看显示效果。

/*名称：甲机串口程序*/
参考源程序的代码如下：

```c
#include<reg51.h>
#define uchar unsigned char
#define uint unsigned int
sbit LED1=P1^0;
sbit LED2=P1^3;
sbit K1=P1^7;
uchar Operation_No=0;  //操作代码
//数码管代码
uchar code DSY_CODE[]=
{0x3f,0x06,0x5b,0x4f,0x66,0x6d,0x7d,0x07,0x7f,0x6f};
//延时
void DelayMS(uint ms)
{
    uchar i;
    while(ms--) for(i=0;i<120;i++);
}
//向串口发送字符
void Putc_to_SerialPort(uchar c)
{
    SBUF=c;
    while(TI==0);
    TI=0;
}
//主程序
void main()
{
    LED1=LED2=1;
    P0=0x00;
    SCON=0x50;    //串口模式1，允许接收
    TMOD=0x20;    //T1 工作模式2
    PCON=0x00;    //波特率不倍增
    TH1=0xfd;
    TL1=0xfd;
    TI=RI=0;
    TR1=1;
    IE=0x90;      //允许串口中断
    while(1)
    {
        DelayMS(100);
        if(K1==0)   //按下 K1 时选择操作代码 0,1,2,3
        {
            while(K1==0);
            Operation_No=(Operation_No+1)%4;
            switch(Operation_No)  //根据操作代码发送 A/B/C 或停止发送
            {
                case 0: Putc_to_SerialPort('X');
```

```c
                LED1=LED2=1;
                break;
         case 1: Putc_to_SerialPort('A');
                LED1=~LED1;LED2=1;
                break;
         case 2: Putc_to_SerialPort('B');
                LED2=~LED2;LED1=1;
                break;
         case 3: Putc_to_SerialPort('C');
                LED1=~LED1;LED2=LED1;
                break;
               }
           }
      }
}
//甲机串口接收中断函数
void Serial_INT() interrupt 4
{
    if(RI)
    {
        RI=0;
        if(SBUF>=0&&SBUF<=9) P0=DSY_CODE[SBUF];
        else P0=0x00;
    }
}

/* 名称：乙机接收程序*/

#include<reg51.h>
#define uchar unsigned char
#define uint unsigned int
sbit LED1=P1^0;
sbit LED2=P1^3;
sbit K2=P1^7;
uchar NumX=-1;
//延时
void DelayMS(uint ms)
{
    uchar i;
    while(ms--) for(i=0;i<120;i++);
}
//主程序
void main()
{
    LED1=LED2=1;
    SCON=0x50;     //串口模式1，允许接收
    TMOD=0x20;     //T1 工作模式 2
    TH1=0xfd;      //波特率 9600
    TL1=0xfd;
    PCON=0x00;     //波特率不倍增
    RI=TI=0;
    TR1=1;
    IE=0x90;
    while(1)
    {
```

```
            DelayMS(100);
            if(K2==0)
                {
                    while(K2==0);
                    NumX=++NumX%11;     //产生0~10 范围内的数字,其中 10 表示关闭
                    SBUF=NumX;
                    while(TI==0);
                    TI=0;
                }
        }
}
void Serial_INT() interrupt 4
{
    if(RI)                       //如收到则 LED 则动作
    {
        RI=0;
        switch(SBUF)             //根据所收到的不同命令字符完成不同动作
        {
            case 'X': LED1=LED2=1;break;      //全灭
            case 'A': LED1=0;LED2=1;break;    //LED1 亮
            case 'B': LED2=0;LED1=1;break;    //LED2 亮
            case 'C': LED1=LED2=0;            //全亮
        }
    }
}
```

(3) 利用工程 13-1 和 13-2，修改程序代码，实现从甲机发送字符串"457219"到乙机的六位数码管的显示，同时乙机发送字符串"129863"到甲机的六位数码管的显示效果。

(4) 仿真成功后，将代码下载到试验箱继续调试。

六、实验报告

学生在实验结束后必须完成实验报告。实验报告必须包括实验预习、实验记录、思考题三部分内容。实验记录应该忠实地描述操作过程，并提供操作步骤以及调试程序的源代码。

具体实验报告的书写按照实验报告纸的要求逐项完成。

七、其他说明

(1) 设计程序并添加注释。

(2) 把设计的 Proteus 仿真图，写入实验报告。

(3) 思考题：

① 当采用定时器 1 作为串行口波特率发生器使用时，通常定时器工作方式选用方式几？

② 当设置串行口工作为方式 2 时，采用的指令是？

③ 串行口的发送数据和接收数据端是什么？

④ 什么是串行异步通信？有哪几种帧格式？

⑤ 定时器1做串行口波特率发生器时，为什么采用方式2？

(4) 技能提高：查阅详细的技术资料，练习单片机与 PC 通信，实现单片机可接收 PC 发送的数字字符，按下单片机的按键后，单片机可向 PC 发送字符串。电路如何连接？程序如何设计？

评价标准：硬件电路原理图修改、软件程序修改、软硬件联调、实物连接。

实验十四　直流电机转动实验

实验十四　直流电机转动实验

一、实验目的

(1) 掌握直流电机的结构、工作原理和驱动方式。
(2) 掌握正、反转的控制逻辑。
(3) 掌握 PWM(脉冲宽度调制)波产生原理，通过 PWM 波控制直流电机的转速。
(4) 掌握继电器工作原理，掌握单片机控制大功率电机的隔离方法。
(5) 掌握通过按键控制直流电机的正、反转，直流电机的加减速功能。
(6) 掌握直流电机的计速功能。
(7) 掌握单片机驱动直流电机电路设计。
(8) 掌握单片机控制直流电机的正、反转，直流电机的加、减速功能的程序设计。
(9) 掌握按键控制直流电机的状态，电机转速计数。

二、实验任务

(1) 完成仿真电路搭建。
(2) 建立工程，编写程序完成直流电机正转反转的控制。

三、实验条件

硬件环境：学生自带笔记本电脑、普中科技开发板。

软件工具：Keil 编程软件、Proteus 仿真软件、开发板 USB 转串口 CH340 驱动软件、烧写软件。

四、实验原理

直流电机是能将直流电能与机械能互换的电机设备(也称直流马达)。直流电动机是依靠直流工作电压运行的电动机，广泛应用于收录机、录像机、影碟机、电动剃须刀、电吹风、电子表、玩具等。

1. 直流电机的工作原理

直流电机的结构由定子和转子两大部分组成。直流电机运行时静止不动的部分称为定子，定子的主要作用是产生磁场，由主磁极、换向极、换向绕组、励磁绕组和电刷装置等组成。运行时转动的部分称为转子，其主要作用是产生电磁转矩和感应电动势，是直流电机进行能量转换的枢纽，所以通常又称为电枢，由转轴、电枢铁心、电枢绕组、换向器和风扇等组成。

图 14-1 所示为一台最简单的两极直流电机模型，定子通过永磁体或受激励电磁铁产生一个固定磁场的主磁极 N 和 S，因此，定子的磁场方向是固定的。转子由一系列电磁体构成，当电流通过其中一个绕组时会产生一个磁场。定子与转子之间有一气隙。在电枢铁心上放置了由两根导体连成的电枢绕组，绕组线圈的首端和末端分别连到两个圆弧形的铜片上，此铜片称为换向片。换向片之间互相绝缘，由换向片构成的整体称为换向器。换向器固定在转轴上，换向片与转轴之间也互相绝缘。在换向片上放置着一对固定不动的电刷，当电枢旋转时，电枢线圈通过换向片和电刷与外电路接通。

对有刷直流电机而言，转子上的换向器和定子的电刷在电机旋转时为每个绕组供给电能。通电转子绕组与定子磁体的相反极性，相互吸引，使转子移动至与定子磁场对准的位置。当转子到达对准位置时，电刷通过换向器为下一组绕组供电，从而使转子维持旋转运动。转子上装设电枢铁心，转子绕组的励磁方向决定了转动的方向，即改变转子外加电源的方向，其旋转方向将与原理的旋转方向相反。直流电机的剖面图如图 14-2 所示。

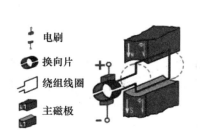

图 14-1 直流电机的物理模型图

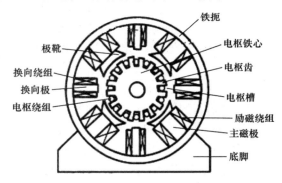

图 14-2 直流电机的剖面图

大中型直流电机的定子与转子上各有绕组，绕组间可采用串联、并联方式和串并联方式连接。定子绕组的励磁方向与转子绕组的励磁方向决定了转动的方向，若单独将定子绕组的励磁方向改变，或单独将转子绕组的励磁方向改变，则其旋转方向将与原来的旋转方向相反。

2. 直流电机的分类

直流电动机按结构及工作原理可划分为无刷直流电动机和有刷直流电动机。有刷直流电动机可分为：永磁直流电动机(也称永磁式直流电动机)和电磁直流电动机(也称电磁式直流电动机)。电磁直流电动机分为串励直流电动机、并励直流电动机、他励直流电动机和复励直流电动机。永磁直流电动机分为稀土永磁直流电动机、铁氧体永磁直流电动机和铝镍钴永磁直流电动机。直流电机分类如图 14-3 所示。

1) 无刷直流电动机

无刷直流电动机是采用半导体开关器件来实现电子换向的，即用电子开关器件代替传统的接触式换向器和电刷。它具有可靠性高、无换向火花、机械噪声低等优点，广泛应用于高档录音座、录像机、电子仪器及自动化办公设备中。

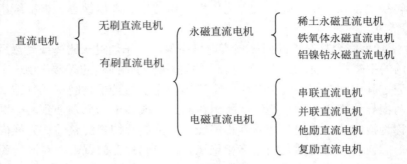

图 14-3　直流电机分类

2) 永磁式直流电动机

永磁式直流电动机由定子磁极、转子、电刷、外壳等组成,定子磁极采用永磁体(永久磁钢),有铁氧体、铝镍钴、钕铁硼等材料,按其结构形式可分为圆筒型和瓦块型等。

其转子一般采用硅钢片叠压而成,比电磁式直流电动机转子的槽数少。小功率电动机多数为 3 槽(3 槽即有 3 个绕组),较高档的为 5 槽或 7 槽。漆包线绕在转子铁心的两槽之间,其各接头分别焊在换向器的金属片上。电刷是连接电源与转子绕组的导电部件,具备导电与耐磨两种性能。永磁电动机的电刷使用单性金属片或金属石墨电刷、电化石墨电刷。

3) 电磁式直流电动机

电磁式直流电动机的定子磁极(主磁极)由铁心和励磁绕组构成。根据其励磁方式的不同又可分为串励直流电动机、并励直流电动机、他励直流电动机和复励直流电动机。因励磁方式不同,定子磁极磁通(由定子磁极的励磁线圈通电后产生)的规律也不同。

(1) 串励直流电动机的励磁绕组与转子绕组之间通过电刷和换向器相串联,励磁电流与电枢电流成正比,定子的磁通量随着励磁电流的增大而增大,转矩近似与电枢电流的平方成正比,转速随转矩或电流的增加而迅速下降。其起动转矩可达额定转矩的 5 倍以上,短时间过载转矩可达额定转矩的 4 倍以上,转速变化率较大,空载转速甚高(一般不允许其在空载下运行),可通过用外用电阻器与串励绕组串联(或并联)、或将串励绕组并联换接来实现调速。

(2) 并励直流电动机的励磁绕组与转子绕组相并联,其励磁电流较恒定,起动转矩与电枢电流成正比,起动电流约为额定电流的 2.5 倍。转速则随电流及转矩的增大而略有下降,短时过载转矩为额定转矩的 1.5 倍。转速变化率较小,为 5%～15%。转速可通过削弱磁场的恒功率来调速。

(3) 他励直流电动机的励磁绕组接到独立的励磁电源供电,其励磁电流也较恒定,起动转矩与电枢电流成正比。转速变化也为 5%～15%。转速可以通过削弱磁场恒功率来提高转速或通过降低转子绕组的电压来降低转速。

(4) 复励直流电动机的定子磁极上除有并励绕组外,还装有与转子绕组串联的串励绕组(其匝数较少)。串联绕组产生磁通的方向与主绕组的磁通方向相同,起动转矩约为额定转矩的 4 倍左右,短时间过载转矩为额定转矩的 3.5 倍左右。转速变化率为 25%～30%(与串联绕组有关)。转速可通过削弱磁场强度来调整。

3. 继电器的使用

要使用单片机来控制不同电压或较大电流的负载,可通过继电器来传递控制信号。

电子线路所使用的继电器一般体积不大,常用的 1P 继电器(见图 14-4)所使用的电压有 DC12V、DC9V、DC6V、DC5V 等,通常会直接标在继电器上面。其工作原理有常闭和常开触点,如图 14-4 所示,只有 a-b-c 一组则称为 1P,而且驱动继电器这种电感性负载,单片机输出的电流一般再用晶体管来驱动,不仅放大了电流,而且保护了单片机。

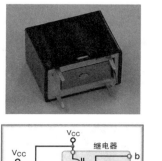
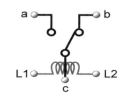
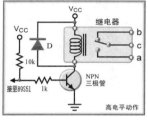
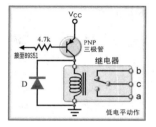

图 14-4 常用的 1P 继电器

五、实验内容及步骤

(1) 搭建仿真电路图,如图 14-5 所示。本实验使用 P0.0 位的状态控制正/反转,使用 P0.1、P0.2 作为直流电机的驱动信号,使用 L298 将控制信号放大以驱动直流电机。

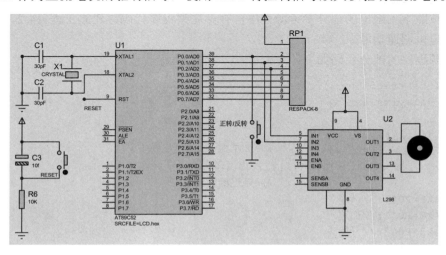

图 14-5 实验十四的参考仿真电路图 1

(2) 把以下列代码放到 Keil 编译软件工具中,生成 HEX 文件,加载到实验十四的参考仿真电路图 1 中,调试并观察执行效果。

(3) 通过按键改变直流电机转动方向。

(4) 建立工程 14-1,编写完成通过按键控制直流电机的正、反转。

参考源程序的代码如下:

```c
#include <reg51.h>
sbit k1=P0^0;        //正传
sbit k2=P0^1;        // 反转
sbit motorin1=P0^6;
sbit motorin2=P0^7;
void main(void)
{
    while(1)
    {
        if (k1==0)   // 按下 k1 启动直流电机正向转动
        {
            motorin1=1;
             motorin2=0;
        }
        if (k2==0)   // 按下 k2 直流电机反向转动
        {
            motorin1=0;
            motorin2=1;//
        }
    }
}                    // 结束
```

(5) 设计通过一个按键来改变直流电机转动方向的驱动电路和程序。

(6) 设计通过按键控制直流电动机进行启动,制动的控制按钮。

(7) 任务延伸:直流电机加减速。

① 按仿真电路图 14-5 完成仿真电路搭建。

② 通过按键改变转速。

③ 按照下列给出的部分参考源程序,补充完整程序代码,建立工程 14-2,编写程序完成直流电机调速功能。

参考源程序的部分代码如下:

```c
#include <reg51.h>
void delay1ms(int x)
{
    int i,j;
    for (i=0;i<x;i++)          // 外循环
        for (j=0;j<120;j++);// 内循环
}                              // 延迟函数结束
sbit k1=P0^0;//减速
sbit k2=P0^1;//加速
sbit k3=P0^3;//开始
sbit motorin1=P0^6;
sbit motorin2=P0^7;
```

```
_____;              // 声明输出函数
void main(void)
{
    while(1)
    {
        if (_____)         // 按下 k4 启动直流电机转动
        {
            motorin1=1;
            motorin2=0;
        }
        if (_____)         // 按下 k2 加速
            output(96);                // 指定工作周期
        if (_____)         // 按下 k1 减速
            output(15);                // 指定工作周期
    }
}                                     // 结束
void output(int on)
{
    char i;
    for (i=0;i<10;i++)    // 循环
    {
        motorin1=_____;    // 输出高态
        delay1ms(on);     // 延迟 on 时间
        motorin1=_____;    // 输出低态
        delay1ms(100-on);             // 延迟 100-on 时间
    }                                 // 结束
    delay1ms(500);                    // 电机停止 0.5 秒
}                                     // 延迟函数结束
```

六、实验报告

学生在实验结束后必须完成实验报告。实验报告必须包括实验预习、实验记录、思考题三部分内容。实验记录应该忠实地描述操作过程,并提供操作步骤以及调试程序的源代码。

具体实验报告的书写按照实验报告纸的要求逐项完成。

七、其他说明

(1) 设计程序并添加注释。
(2) 把设计的 Proteus 仿真图,写入实验报告。
(3) 思考题:
① 怎么使用达林顿管驱动直流电机。
② 怎么通过按键可以按固定档位调速的直流电机控制器。
③ 怎么通过按键可以连续调速的直流电机控制器。
(4) 技能提高:使用继电器控制直流电机?

① 按照图 14-6 所示的电路图完成仿真电路搭建。

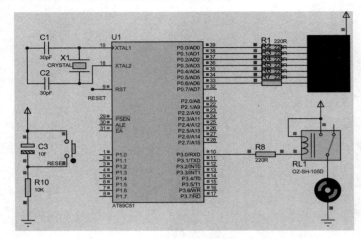

图 14-6　实验十四的参考仿真电路图 2

② 参考如下源程序，建立工程，编写程序完成通过控制继电器控制直流电机正、反转。

参考源程序的代码如下：

```c
#include<reg51.h>
#define SEG P0
sbit    rsw0=P3^0 ;
void    delay(int);
char code TAB[10]={0xc0, 0xf9, 0xa4, 0xb0, 0x99,   //数字 0-4
                   0x92, 0x82, 0xf8, 0x80, 0x98 };// 数字 5-9
main()
{ signed char i;              // 声明无号数字元变数 i
    while(1)                  // 无穷循环,程序一直跑
    {
        for(i=9;i>=0;i--)     // 显示 0-9,共 10 次
        {
            SEG=TAB[i];       // 显示数字
            delay(500);       // 延迟 500 1m=0.5 秒
        }
        SEG=0xff;
        rsw0=0;               // for 循环结束
        for(i=0;i<16;i++)
        {
            delay(800);       // 延迟 500 1m=0.5 秒
        }
        rsw0=1;               // for 循环结束，电机停止旋转
    }
}
void delay(int x)             // 延迟函数开始
{   int i,j;                  // 声明整数变数 i,j
    for (i=0;i<x;i++)         // 计数 x 次,延迟 x 1ms
        for (j=0;j<120;j++);  // 计数 120 次,延迟 1ms
}                             // 延迟函数结束
```

评价标准：流程图的绘制、硬件电路原理图的修改、软件程序的修改、软硬件联调、实物连接。

实验十五　步进电机1相驱动方向控制实验

一、实验目的

(1) 掌握步进电机的结构、工作原理和驱动方式。
(2) 掌握正、反转的控制逻辑。
(3) 掌握2相步进电机1相驱动、2相驱动、1-2相驱动的原理。
(4) 通过节拍控制步进电机的转速。
(5) 掌握继电器工作原理，掌握单片机控制大功率电机的隔离方法。
(6) 掌握通过按键控制步进电机的正、反转，步进电机的加减速功能。
(7) 掌握单片机驱动步进电机电路设计。
(8) 掌握单片机控制步进电机的正、反转，步进电机的加、减速功能的程序设计。
(9) 掌握控制步进电机的方法，定时中断、延时、外部中断等应用。

实验十五　步进电机1相驱动方向控制实验

二、实验任务

(1) 完成仿真电路搭建。
(2) 建立工程，编写程序完成步进上电归位，并正传。
(3) 通过按键改变转动方向，每按键一次步进电机就改变了转动方向。

三、实验条件

硬件环境：学生自带笔记本电脑、普中科技开发板。

软件工具：Keil 编程软件、Proteus 仿真软件、开发板 USB 转串口 CH340 驱动软件、烧写软件。

四、实验原理

1. 步进电机的概念

步进电机是一种将电脉冲转化为角位移的执行机构。通俗地讲：当步进电机驱动器接收到一个脉冲信号，它就驱动步进电机按设定的方向转动一个固定的角度(及步进角)。可以通过控制脉冲个数来控制角位移量，从而达到准确定位的目的；同时也可以通过控制脉冲频率来控制电机转动的速度和加速度，从而达到调速的目的。

2. 步进电机的种类

步进电机分永磁式(PM)、反应式(VR)和混合式(HB)三种。永磁式步进电机一般为 2 相，转矩和体积较小，步进角一般为 7.5°或 15°。反应式步进电机一般为 3 相，可实现大转矩输出，步进角一般为 1.5°，但噪声和振动都很大，基本被淘汰。混合式步进混合了永磁式和反应式的优点，它又分为 2 相和 5 相，2 相步进角一般为 1.8°，5 相步进角一般为 0.72°。这种步进电机的应用最为广泛。

3. 步进电机工作原理

步进电机是将脉冲信号转变为角位移或线位移的开环控制元件。在非超载的情况下，电机的转速、角位移、停止的位置只取决于脉冲信号的频率和脉冲数，而不受负载变化的影响，给电机加一个脉冲信号，电机则转过一个步距角。因而步进电机只有周期性的误差而无累计误差，因此，步进电机在速度、位置等控制领域有较为广泛的应用。

单片机控制步进电机是单片机通过对每组线圈中的电流按顺序切换，来控制步进电机作步进式旋转，切换是通过单片机输出脉冲信号来实现的。调节脉冲信号频率就可改变步进电机的转速；而改变各相脉冲的先后顺序，就可以改变电机的旋转方向。

步进电机主要由转子和定子构成，另有托架和外壳，比较特殊的是其转子与定子上有许多细小的齿。其转子可以是永久性磁铁，线圈绕在定子上。根据线圈的配置，步进电机可以分为 2 相、4 相、5 相等，如图 15-1 所示，分别是 2 组线圈、4 组线圈和 5 组线圈。比较常用的是 2 相 6 线式步进电机，其连接线就是 A、B 相。

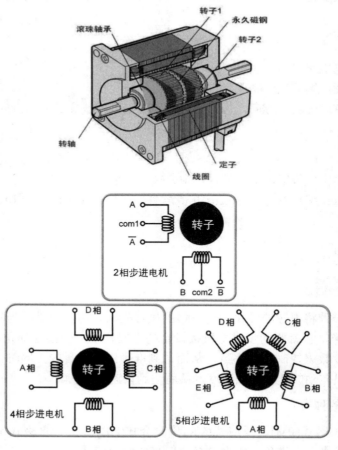

图 15-1　步进电机工作原理示意图

4. 步进电机的脉冲

步进电机的动作，简单说是靠定子线圈激磁后将邻近转子上相异磁极吸引过来实现的。因此，线圈排列的顺序以及激磁信号的顺序决定电机转动的方向。以 2 相步进电机为例，驱动可采用 1 相驱动、2 相驱动与 1-2 相驱动的方式。

1 相驱动，任何时间只有一个闭环电路、一组线圈被激磁，产生一组扭矩，其产生的力矩较小。信号顺序为：

$$1000 \rightarrow 0100 \rightarrow 0010 \rightarrow 0001 \rightarrow 1000 \cdots (正传)$$
$$1000 \rightarrow 0001 \rightarrow 0010 \rightarrow 0100 \rightarrow 1000 \cdots (反传)$$

2 相驱动，任何一个时间内部都有 2 个线圈同时被激磁，因此，其所产生的力矩比 1 相驱动大，信号顺序为：

$$1100 \rightarrow 0110 \rightarrow 0011 \rightarrow 1001 \rightarrow 1100 \cdots (正传)$$
$$1100 \rightarrow 1001 \rightarrow 0011 \rightarrow 0110 \rightarrow 1100 \cdots (反传)$$

1-2 相驱动的方式又称为"半步驱动"，每个驱动信号只驱动半步，信号顺序为：

$$1001 \rightarrow 1000 \rightarrow 1100 \rightarrow 0100 \rightarrow 0110 \rightarrow 0010 \rightarrow 0011 \rightarrow 0001 \cdots (正传)$$
$$1000 \rightarrow 0001 \rightarrow 0011 \rightarrow 0010 \rightarrow 0110 \rightarrow 0100 \rightarrow 1100 \rightarrow 1000 \cdots (反传)$$

在单片机控制步进电机时，可先将用到的信号存入数组，再依次读出、输出，在读取信号时，两信号之间必须经过一小段时间的延迟，让步进电机有足够的时间建立磁场及转动，当然数组输出的速度控制电机的速度，数组顺序输出或逆序输出控制电机旋转方向。步进电机有两种工作方式：整步方式和半步方式。以步进角为 1.8°的四相混合式步进电机为例，如图 15-2 所示，在整步方式下，步进电机每接收一个脉冲，旋转 1.8°，旋转一周，则需要 200 个脉冲；在半步方式下，步进电机每接收一个脉冲，旋转 0.9°，旋转一周，则需要 400 个脉冲。

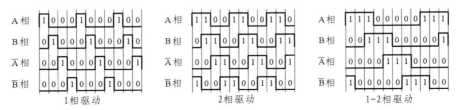

图 15-2 步进电机工作脉冲的顺序

1 相驱动、2 相驱动、1-2 相驱动的步进电机工作时序波形图如图 15-3 所示。

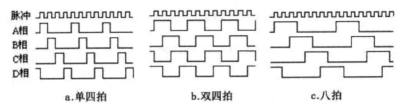

图 15-3 步进电机工作时序波形图

5. 步进电机的驱动芯片

本实验使用的步进电机驱动芯片为 ULN2001/2002/2003/2004 系列，驱动芯片的引脚图如图 15-4 所示。

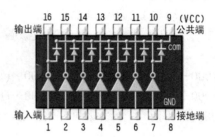

图 15-4　驱动芯片 ULN2001/2002/2003/2004 系列的引脚图

6. 步进电机的应用场合

随着微电子和计算机技术的发展，步进电机的需求量与日俱增，在各个国民经济领域都有应用。步进电机使用在很多设备上，如数控机床、医疗设备、纺织印刷、雕刻机、激光打标机、激光内雕机、电子设备、剥线机、包装机械、广告设备、贴标机、恒速应用、机器人、3D 打印机等。

7. 单极性和双极性

(1) 单极性：不改变绕组电流的方向，只是对几个绕组依次循环通电。比如说四相电机，有四个绕组，分别为 A、B、C、D，运行方式如下。

① AB—BC—CD—DA—AB。

② A—AB—B—BC—C—CD—D—DA(注：AB 意为 AB 两个绕组同时通电，类似者同)。

(2) 双极性：不只是对几个绕组依次循环通电，还要改变绕组的电流的方向。如四线双极性电机，有两个绕组 A 和 B，A 绕组的两端分别为 A1、A2；B 绕组的两端分别为 B1、B2。运行方式为：

A1→A2—B1→B2—A2→A1—B2→B1—A1→A2……

8. 相数

相数就是线圈组数。目前常用的有 2 相、3 相、4 相、5 相步进电机。电机相数不同，其步距角也不同。N 相步进电机有 N 个绕组。

9. 步距角

电机相数不同，其步距角也不同，一般 2 相电机的步距角为 0.9°或 1.8°，3 相电机的步距角为 0.75°或 1.5°，5 相电机的步距角为 0.36°或 0.72°。N 相步进电机有 N 个绕组，这 N 个绕组要均匀地镶嵌在定子上，因此定子的磁极数必定是 N 的整数倍，因此，转子转一圈的步数应该是 N 的整数倍。也就是说：3 相步进电机转一圈的步数是 3 的整数倍，4 相步进电机转一圈的步数是 4 的整数倍，5 相步进电机转一圈的步数是 5 的整数倍；如果步进电机的基本步距角为 θ，转一圈的步数是 M，步进电机的相数是 N 则有下述关系：$\theta=360/M$，M 必然是相数 N 的整数倍。根据以上分析可以看出，基本步距角是不能取任意值的。

10. 使用步进电机常见问题

(1) 第一次使用步进电机驱动器，怎么能尽快调试到最佳状态？

按照说明和驱动器上的标示，正确接好电源和电机后，把驱动器调节到 16 细分，把信号的输出频率设置到 1000Hz 内，运行无误后再慢慢加速(提高频率)细分。

(2) 驱动器工作长时间工作外壳(散热片)比较热，正常吗？

正常，在常温下外壳(散热片)达到 80℃不会对性能有影响，长时间大电流工作的话，你也可以通过加装风扇或者散热片帮助散热。

(3) 有什么简单有效的方式确定 2 相 4 线步进电机四条线的定义？

同一相的 2 根线是相通的，所以我们可以用万用表检测。

(4) 步进电机使用时出现振动大、失步(丢步)或者是有声不转等现象，为什么？

步进电机与普通交流电机有很大的差别，振动大或失步是常见的现象。产生的原因和解决的方法如下。

① 控制脉冲。频率低速时是否处在共振点上(不同型号的电机共振点不一样)，高速时是否采用梯形或者其他曲线加速。

② 驱动器。电机低速时，振动或失步，高速时正常，原因是驱动电压过高。电机低速时正常，高速时失步，原因是驱动电压过低。电机长时间无发热现象(电机正常工作时可高达 70～80℃)，原因是驱动电流小。电机工作时过热，原因是驱动电流大。

(5) 为什么步进电机在低速时可以正常运转，若高于一定速度就无法启动并伴有啸叫声？

步进电机有一个技术参数——空载启动频率，即步进电机在空载的情况下能够正常启动的脉冲频率。如果脉冲频率高于该值，电机不能正常启动，可能发生失步或堵转。在有负载的情况下，启动频率应该更低。如果要使电机达到高速转动，脉冲频率应该有加速过程，即启动频率较低，然后按一定加速度升到所希望的高频(电机转速从低速升到高速)。

(6) 步进电机控制为什么要采用梯形或其他加速方法？

步进电机起步速度根据电机不同一般在 50～250r/min，如果希望高于此速度运转就必须先用起步以下速度起步，逐渐加速到最高速度，运行一定距离后再逐渐减速至起步速度以下方可停止，否则会出现高速上不去或失步的现象。常见加速方法有分级加速、梯形加速和 S 形加速等。

11. 使用过程注意事项

(1) 使用环境注意避免油污，粉尘，和腐蚀性气体。
(2) 注意驱动器的通风良好。
(3) 由于驱动器板不是密封的，注意不要将金属屑和粉尘等落入其中造成电路短路。
(4) 插入电源一定要注意看清正负标示，以免正负极接错烧毁驱动器。
(5) 确定连接无误后再通电测试。

五、实验内容及步骤

(1) 搭建仿真电路图 1,如图 15-5 所示。

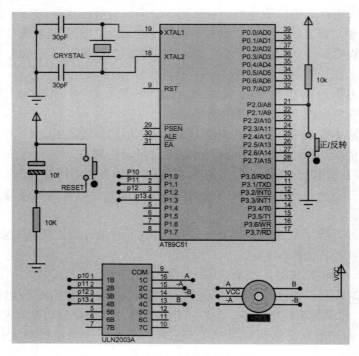

图 15-5　实验十五的参考仿真电路图 1

(2) 把以下源程序代码放到 Keil 编译软件工具中,生成 HEX 文件,加载到实验十五的参考仿真电路图 1 中,完成步进电机 1 相驱动的正反转,看显示效果。

参考源程序的代码如下:

```
#include <reg51.h>
#define  OUTPUT P1
sbit k1=P2^0;
char i;
unsigned char times=50;
void delay50ms(int);
bit flag=0;                //步进电机转向标志
main()
{
    OUTPUT=0;
    P2=0xff;
    for(i=0;i<4;i++)
    {
        OUTPUT=8>>i;
        delay50ms(times);    //步进电机归位
    }
    while (1)
    {
```

```
if(k1==0)
    {
        flag=~flag;
    }
    if(flag==0)              //步进电机正转
        {
            OUTPUT=0;
            for(i=0;i<4;i++)
            {
            OUTPUT=8>>i;
            delay50ms(times);
            }
        }
        else if (flag==1)    //步进电机反转
        {
        for (i=0;i<4;i++)
            {
                OUTPUT=1<<i;
                delay50ms(times);
            }
        }
}
    void delay50ms(int x)
    { int i,j;
        for(i=0;i<x;i++)
            for(j=0;j<600;j++);
    }
```

(3) 任务延伸：完成步进电机 2 相驱动—控制方向与速度程序代码。

① 按仿真电路完成仿真电路图 2 搭建，步进电机 2 相驱动—控制方向仿真电路图如图 15-6 所示。

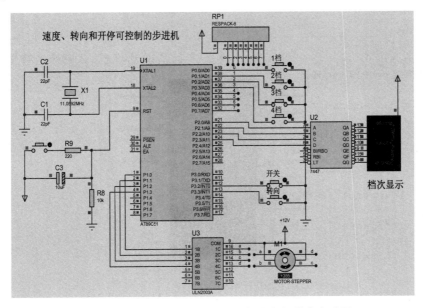

图 15-6 步进电机 2 相驱动—控制方向的仿真电路图

② 按照下列给出的部分参考源程序，补充完整程序代码，建立工程 15-2，编写程序完成步进电机通过按键改变控制步进电机转速和方向。

参考源程序的部分代码如下：

```c
#include<reg51.h>
unsigned char index=0;              //步进索引
int n=0,n0=211;                     //设置周期、档次位
unsigned char flag=0,step=0;        //设置方向、停止键
main()
{
    P3=0xff;
    EA=1;                           //允许中断
    EX0=1;EX1=1;                    //外部中断允许
    ET0=1;                          //定时器中断 0 允许
    IT0=1;IT1=1;                    //中断 0，中断 1 标志
    _____;               //中断模式 1，两个 16 位定时器/计数器
    _____;               //启动定时器 0
    TH0=_____;
    TL0=_____;           //每 1ms 中断一次
    while(1)
    {
        if(P0==0xfe){n0=70;P2=1;}    //1 档
        if(P0==0xfd){n0=90;P2=2;}    //2 档
        if(P0==0xfb){n0=110;P2=3;}   //3 档
        if(P0==0xf7){n0=150;P2=4;}   //4 档
    }
}
void int0() interrupt 0//停止键
{
    step=step+1;
    if(step>=2)step=0;
}
void int1() _____    //方向键
{
    flag++;
    if(flag==2)flag=0;
}
void time() interrupt 1
{
    TH0=(65536-1000)/256;
    TL0=(65536-1000)%256;
    if(_____)///停止控制键
    {
        if(n>=n0)//周期:n0x1ms
        {
            if(flag==0)//正转
            {
                switch(index)
                {
                    case 0:P1=0x03;break;
                    case 1:P1=0x06;break;
```

```
                case 2:P1=0x0c;break;
                case 3:P1=0x09;break;
            }
            index++;
            if(index==4)index=0;    //转一圈 index 回到 0，下一次重新开始
            n=0;
        }
        if(_____)  //反转
        {
            switch(index)
            {
                case 0:P1=0x09;break;
                case 1:P1=0x0c;break;
                case 2:P1=0x06;break;
                case 3:P1=0x03;break;
            }index++;
            if(index==4)index=0;    //转一圈 index 回到 0，下一次重新开始
            n=0;
        }
        else n=0;
    }
    _____;                 //每次中断 n+1
    }
    else n=0;//停止
}
```

六、实验报告

学生在实验结束后必须完成实验报告。实验报告必须包括实验预习、实验记录、思考题三部分内容。实验记录应该忠实地描述操作过程，并提供操作步骤以及调试程序的源代码。

具体实验报告的书写按照实验报告纸的要求逐项完成。

七、其他说明

(1) 设计程序并添加注释。
(2) 把设计的 Proteus 仿真图，写入实验报告。
(3) 思考题：
① 设计 1 相驱动步进电机，精确控制旋转角度并显示，实际测量，看看是否与计算一致？
② 设计 2 相驱动步进电机，如何设计连续调整电机转速？
③ 大功率步进电机如何控制，如何实现驱动编程控制？
(4) 技能提高：步进电机 1-2 相驱动程序代码。
① 完成仿真电路搭建，步进电机 1-2 相驱动仿真电路图如图 15-7 所示。

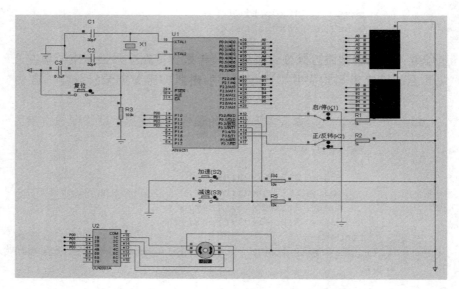

图 15-7 步进电机 1-2 相驱动的仿真电路图

② 建立工程 15-3，编写程序完成步进电机方向和速度的控制，并显示方向标志和速度级别。

参考源程序的代码如下：

```c
#include <reg51.h>
#define uint unsigned int
sbit k1=P3^4;          //启动开关
sbit k2=P3^5;          //换向开关
sbit s2=P3^2;          //加速按钮
sbit s3=P3^3;          //减速按钮
void isr_int0(void);   //外部中断 0 中断服务函数声明
void isr_int1(void);   //外部中断 1 中断服务函数声明
void zd_t0ist(void);   //定时器中断 T0 中断服务函数声明
uint speed,count,i,t,k;//全局变量
main()
{
    k=0;
    t=0;
    speed=0;
    count=1;           //初始化
    ET0=1;             //启用 T0 中断
    TMOD=0x01;         //设置 T0 为 model 1
    EA=1;              //启用所有中断
    EX0=1;             //启用 INT0 中断功能
    EX1=1;             //启用 INT1 中断功能
    TH0=0xcf;
    TL0=0x2c;          //设置 T0 计数值的高 8 位、低 8 位
    for(;;)
    {
        if(k1==0)
        {
```

```
            P0=0xff;
            P2=0xff;
            speed=0;
            TR0=0;              //停止定时器T0
        }
        else
        {
            if(k2==0)
                P0=0xc0;        //反转，P0 显示器显示 0
            else P0=0xf9;       //正转，P0 显示器显示 1
            if(speed==0)
            {
                P2=0xc0;
                TR0=0;          //速度为零时，定时器T0停止
            }
            else TR0=1;         //不为零，则工作
        }
    }
}
void isr_int0(void) interrupt 0//INT0的中断子程序
{
    if(speed<7)
    speed=speed+1;
    while(s2==0)
    {
    for(i=0;i<10;i++);
    }
}//加速
void isr_int1(void) interrupt 2//INT1的中断子程序
{
    if(speed>0)
    speed=speed-1;
    while(s3==0)
    {
        for(i=0;i<10;i++);
    }
}//减速
void zd_t0ist(void) interrupt 1//T0中断子程序
    {
    TH0=0xd8;
    TL0=0xf0;//设置T0计数值的高8位、低8位
    switch(speed)
    {
        case 0:P2=0xc0;count=0;break;
        case 1:P2=0xf9;count=60;break;
        case 2:P2=0xa4;count=40;break;
        case 3:P2=0xb0;count=35;break;
        case 4:P2=0x99;count=30;break;
        case 5:P2=0x92;count=28;break;
        case 6:P2=0x82;count=25;break;
        case 7:P2=0xf8;count=21;break;
        default :break;
```

```c
}//通过定时器的中断次数，改变输出脉冲频率，从而改变电机的转速
if(t==0)
    t=count;
if(t>0)
    t=t-1;
if(k2==0)
{
    if(t==0)//定位
    {
        switch(k)
        {
            case 0:P1=0x09;break;
            case 1:P1=0x08;break;
            case 2:P1=0x0c;break;
            case 3:P1=0x04;break;
            case 4:P1=0x06;break;
            case 5:P1=0x02;break;
            case 6:P1=0x03;break;
            case 7:P1=0x01;break;
            default :break;
        }
        k=k+1;
        if(k==8)
            k=0;
    }
}//正转
else
{
    if(t==0)
    {
        switch(k)
        {
            case 0:P1=0x09;break;
            case 1:P1=0x01;break;
            case 2:P1=0x03;break;
            case 3:P1=0x02;break;
            case 4:P1=0x06;break;
            case 5:P1=0x04;break;
            case 6:P1=0x0c;break;
            case 7:P1=0x08;break;
            default :break;
        }
        k=k+1;
        if(k==8)
            k=0;
    }
}//反转
```

评价标准：流程图的绘制、硬件电路原理图的修改、软件程序的修改、软硬件联调、实物连接。

实验十六 74LS138 译码器应用实验

一、实验目的

实验十六
74LS138 译码器
应用实验

(1) 了解 74LS138 译码器芯片的内部结构。
(2) 掌握 74LS138 译码器芯片的工作步骤。
(3) 掌握 74ALS13 芯片的特性和控制方法。
(4) 掌握 74LS138 译码器芯片应用电路设计。
(5) 掌握 74LS138 译码器芯片程序设计。

二、实验任务

(1) 根据要求,完成任务仿真电路搭建。
(2) 根据任务,建立工程,编写程序实现 74LS138 译码器的应用效果。

三、实验条件

硬件环境:学生自带笔记本电脑、普中科技开发板。

软件工具:Keil 编程软件、Proteus 仿真软件、开发板 USB 转串口 CH340 驱动软件、烧写软件。

四、实验原理

1. 译码器

译码:编码的逆过程,将编码时赋予代码的特定含义"翻译"出来,如图 16-1 所示。

图 16-1 编码与译码的过程

译码器:实现译码功能的电路。
常用的译码器有二进制译码器、二-十进制译码器和显示译码器等。

2. 二进制译码器

输入:二进制代码(N 位)。
输出:$2N$ 个,每个输出仅包含一个最小项。

如图 16-2 所示,输入是三位二进制代码、有八种状态,八个输出端分别对应其中一种输入状态。因此,又把三位二进制译码器称为 3 线—8 线译码器。

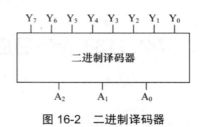

图 16-2　二进制译码器

3. 74LS138 的逻辑功能

三个译码输入端(又称地址输入端)A2、A1、A0，八个译码输出端 Y0～Y7，以及三个控制端(又称使能端)S1、S2、S3。

S1、S2、S3 是译码器的控制输入端，当 S1=1、S2+ S3 =0 (即 S1=1，S2 和 S3 均为 0) 时，GS 输出为高电平，译码器处于工作状态。否则，译码器被禁止，所有的输出端被封锁在高电平。

当译码器处于工作状态时，每输入一个二进制代码将使对应的一个输出端为低电平，而其他输出端均为高电平。也可以说对应的输出端被"译中"。

74LS138 输出端被"译中"时为低电平，所以其逻辑符号中每个输出端 Y0～Y7 上方均有"—"符号。

4. 二-十进制译码器

二-十进制译码器的逻辑功能是将输入的 BCD 码译成十个输出信号，如图 16-3 所示。

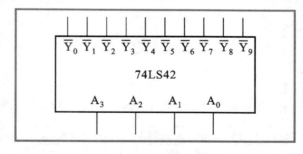

图 16-3　二-十进制译码器

5. 74LS138 的功能表

3-8 译码器 74LS138 为一种常用的地址译码器芯片，其中，S1、S2、S3 为 3 个控制端，只有当 S1 为 "1" 且 S2、S3 均为 "0" 时，译码器才能进行译码输出；否则，译码器的 8 个输出端全为高阻状态。

译码输入端与输出端的译码逻辑关系如表 16-1 所示。

表 16-1　74LS138 的输入、输出关系

输入					输出							
S_0	$\overline{S_2}+\overline{S_3}$	A_2	A_1	A_0	$\overline{Y_0}$	$\overline{Y_1}$	$\overline{Y_2}$	$\overline{Y_3}$	$\overline{Y_4}$	$\overline{Y_5}$	$\overline{Y_6}$	$\overline{Y_7}$
×	1	×	×	×	1	1	1	1	1	1	1	1
0	×	×	×	×	1	1	1	1	1	1	1	1

续表

输入					输出							
S_0	$\overline{S_2}+\overline{S_3}$	A_2	A_1	A_0	$\overline{Y_0}$	$\overline{Y_1}$	$\overline{Y_2}$	$\overline{Y_3}$	$\overline{Y_4}$	$\overline{Y_5}$	$\overline{Y_6}$	$\overline{Y_7}$
1	0	0	0	0	0	1	1	1	1	1	1	1
1	0	0	0	1	1	0	1	1	1	1	1	1
1	0	0	1	0	1	1	0	1	1	1	1	1
1	0	0	1	1	1	1	1	0	1	1	1	1
1	0	1	0	0	1	1	1	1	0	1	1	1
1	0	1	0	1	1	1	1	1	1	0	1	1
1	0	1	1	0	1	1	1	1	1	1	0	1
1	0	1	1	1	1	1	1	1	1	1	1	0

五、实验内容及步骤

(1) 搭建仿真电路图，如图 16-4 所示。本实验使用 P2 口的前三位连接 74LS138，74LS138 的输出端连接 8 个发光二极管。

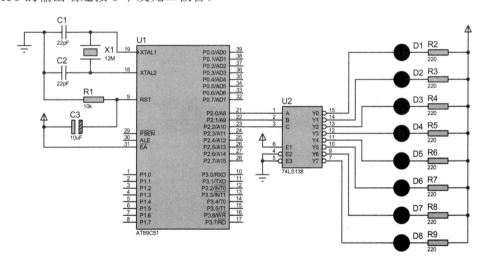

图 16-4　实验十六的参考仿真电路图

(2) 通过建立工程 16-1，把以下源程序代码放到 Keil 编译软件工具中，生成 HEX 文件，加载到实验十六的参考仿真电路图中，看显示效果。

参考源程序的代码如下：

```
#include<reg51.h>
#define uint unsigned int
delay(uint t)
{
    while(t--);
}
main()
{
    uint i,abs[8]={0,1,2,3,4,5,6,7};
```

```
        for(i=0;i<8;i++)
        {
            P2=abs[i];
            delay(10000);
        }
}
```

(3) 要求控制流水灯的亮灭时间一次快、一次慢，应该怎么修改程序才能实现效果。

(4) 仿真成功后，将代码下载到试验箱继续调试。

(5) 实验内容扩展：74HC154 译码器的应用。

说明：74HC154 是 4-16 译码器，本例利用 P2 口输出 4 位二进制数，经译码后使相应的 LED 被点亮，形成滚动显示效果。

参考源程序的代码如下：

```
#include<reg51.h>
#define uchar unsigned char
#define uint unsigned int
//延时
void DelayMS(_____)
{
    uchar i;
    while(ms--) for(i=0;i<40;i++);
}
//主程序
void main()
{
    while(1)
    {
        P2=_____;      //P2 口低 4 位在 0~15 取值，
                                //使 154 译码器输入 4 位为 0000~1111
        DelayMS(500);           //经译码器输出 0~15 中对应引脚输出 0，LED 点亮
    }
}
```

六、实验报告

学生在实验结束后必须完成实验报告。实验报告必须包括实验预习、实验记录、思考题三部分内容。实验记录应该忠实地描述操作过程，并提供操作步骤以及调试程序的源代码。

具体实验报告的书写按照实验报告纸的要求逐项完成。

七、其他说明

(1) 设计程序并添加注释。

(2) 把设计的 Proteus 仿真图，写入实验报告。

(3) 思考题：

① 全班有 55 名同学，需几位二进制代码才能表示？

② 为什么要用优先编码器？

(4) 技能提高：利用仿真图，在 P2 口连接两个 74LS138，控制 16 个发光二极管闪

烁，电路如何连接？程序如何修改？

评价标准：硬件电路原理图的修改、软件程序的修改、软硬件联调、实物连接。

实验十七　74HC595 串入并出芯片应用实验

一、实验目的

(1) 了解 74HC595 芯片的内部结构。
(2) 掌握 74HC595 芯片的工作步骤。
(3) 掌握 74HC595 芯片的特性和控制方法。
(4) 掌握 74HC595 芯片应用电路设计。
(5) 掌握 74HC595 芯片程序设计。

实验十七
74HC595 串入并
出芯片应用实验

二、实验任务

(1) 根据提示的电路图，在 Proteus 中完成仿真电路搭建。
(2) 建立工程，根据仿真电路图，在 Keil 上编写程序代码实现 74HC595 串入并出芯片应用数码管显示效果。

三、实验条件

硬件环境：学生自带笔记本电脑、普中科技开发板。

软件工具：Keil 编程软件、Proteus 仿真软件、开发板 USB 转串口 CH340 驱动软件、烧写软件。

四、实验原理

1. 芯片描述

74HC595 是 8 位串行输入/输出或者并行输出移位寄存器。工程上常用于将串行输入的 8 位数字，转变为并行输出的 8 位数字，例如，MCU 驱动一个 8 位数码管来实现数码管的静态显示(非扫描方式)。

74HC595 是硅结构的 CMOS 器件，兼容低电压 TTL 电路，遵守 JEDEC 标准。74HC595 是具有 8 位移位寄存器和一个存储器，三态输出功能。移位寄存器和存储器是分别的时钟。数据在 SH_CP 的上升沿输入到移位寄存器中，在 ST_CP 的上升沿输入到存储寄存器中去。如果两个时钟连在一起，则移位寄存器总是比存储寄存器早一个脉冲。74HC595 的管脚排列如图 17-1 所示。

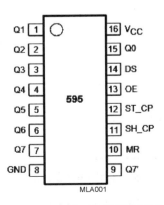

图 17-1　74HC595 的管脚排列

2. 特点

74HC595 的特点：8 位串行输入、8 位串行或并行输出和存储状态寄存器三种状态；输出寄存器(三态输出，即具有高电平、低电平和高阻抗三种输出状态的门电路)可以直接清除 100MHz 的移位频率。

3. 输出能力

74HC95 移位寄存器有一个串行移位输入(Ds)，一个串行输出(Q7′)和一个异步的低电平复位，存储寄存器有一个并行 8 位的，具备三态的总线输出，当使能 OE 时(为低电平)，存储寄存器的数据输出到总线。

4. 引脚说明

符号	引脚	描述
Q0…Q7	8 位并行数据输出，其中 Q0 为第 15 脚	
GND	第 8 脚	电源地
Q7′	第 9 脚	串行数据输出
MR	第 10 脚	主复位(低电平)
SH_CP	第 11 脚	移位寄存器时钟输入
ST_CP	第 12 脚	存储寄存器时钟输入
OE	第 13 脚	输出有效(低电平)
DS	第 14 脚	串行数据输入
VCC	第 16 脚	电源

5. 真值表

74HC595 的真值表如表 17-1 所示。

表 17-1 74HC595 的真值表

输入					输出		功能
SH_CP	ST_CP	OE	MR	DS	Q7′	Qn	
×	×	L	L	×	L	NC	MR 为低电平时仅仅影响移位寄存器
×	↑	L	L	×	L	L	空移位寄存器到输出寄存器
×	×	H	L	×	L	Z	清空移位寄存器，并行输出为高阻状态
↑	×	L	H	H	Q6	NC	逻辑高电平移入移位寄存器状态 0，包含所有的移位寄存器状态移入
×	↑	L	H	×	NC	Qn′	移位寄存器的内容到达保持寄存器并从并口输出
↑	↑	L	H	×	Q6′	Qn′	移位寄存器内容移入，先前的移位寄存器的内容到达保持寄存器并出

6. 使用 74HC595 实现 LED 静、动态显示的基本原理

74HC595 是美国国家半导体公司生产的通用移位寄存器芯片。并行输出端具有输出锁存功能。与单片机连接简单方便，只需三个 I/O 口即可。而且通过芯片的 Q7 引脚和 SER

引脚，可以级联，价格低廉。

(1) 静态显示。每位 LED 显示器段选线和 74HC595 的并行输出端相连，每一位可以独立显示。在同一时间里，每一位显示的字符可以各不相同(每一位由一个 74HC595 的并行输出口控制段选码)。N 位 LED 显示要求 N 个 74HC595 芯片及 $N+3$ 条 I/O 口线，占用资源较多，而且成本较高。

(2) 动态显示。在多位 LED 显示时，为了简化电路，降低成本，节省系统资源，将所有的 N 位段选码并联在一起，由一片 74HC595 控制。由于所有 LED 的段选码皆由一个 74HC595 并行输出口控制，因此，在每一瞬间，N 位 LED 会显示相同的字符。想要每位显示不同的字符，就必须采用扫描的方法，即在每一瞬间只使用一位显示字符。在此瞬间，74HC595 并行输出口输出相应字符段选码，而位选则控制 I/O 口在该显示位送入选通电平，以保证该位显示相应字符。如此轮流，使每位分时显示该位应显示字符。由于 74HC595 具有锁存功能，而且串行输入段选码需要一定时间，因此，不需要延时，即可形成视觉暂留效果。

N 位 LED 显示时，只需要一片 74HC595 即可完成，成本最低。但是，此种方法的最大弱点就是当 LED 的位数大于 12 位时，出现闪烁现象，这是所有动态 LED 显示方式共同的弱点。

7. 引脚功能

第 8 脚 GND，表示电源地，接电源负极。

第 16 脚 VCC，接电源正极。

第 14 脚 DATA，接串行数据输入口，显示数据由此进入，必须有时钟信号的配合才能移入。

第 13 脚 EN，接使能端口，当该引脚上为"1"时 QA~QH 口全部为"1"，为"0"时 QA~QH 的输出由输入的数据控制(注："使能"与英文 enable 对应，含义是"使能够，使可能，使可行，使实现"，表示使对象进入工作状态)。

第 12 脚 STB，接锁存端口，当输入的数据在传入寄存器后，只有供给一个锁存信号才能将移入的数据送 QA~QH 口输出。

第 11 脚 CLK，接时钟端口，每一个时钟信号将移入一位数据到寄存器。

第 10 脚 SCLR，接复位端口，只要有复位信号，寄存器内移入的数据将清空，显示屏不用该脚，一般接 VCC。

第 9 脚 DOUT，接串行数据输出端口，将数据传到下一个元件。

第 15、1~7 脚，用作并行输出口也就是驱动输出口，驱动 LED。

五、实验内容及步骤

(1) 搭建仿真电路图，如图 17-2 所示。本实验使用 P2 口连接 74HC595 芯片，74HC595 芯片连接一个数码管。

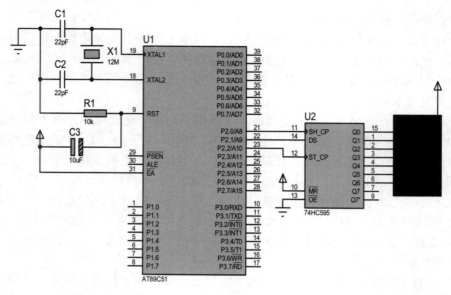

图 17-2 实验十七的参考仿真电路图

(2) 把以下程序代码放到 Keil 编译软件工具中，生成 HEX 文件，加载到实验十七的参考仿真电路图中，看显示效果。

参考源程序的代码如下：

```c
#include <reg51.h>
#define uchar unsigned char
#define uint unsigned int
sbit SER=P2^1;
sbit CLR=P2^2;
sbit SCLR=P2^0;
HC595(uint da)
{
    uint i;
    uint gbit=0x80;
    CLR=0;
    SCLR=0;
    for(i=0;i<8;i++)
    {
    if(da&gbit)
            SER=1;
        else
            SER=0;
        SCLR=1;
        gbit>>=1;
        SCLR=0;
    }
    CLR=1;
}
delay(uint t)
{
    while(t--);
}
```

```
main()
{
    uint i,abs[10]=
    {0xc0,0xf9,0xa4,0xb0,0x99,0x92,0x82,0xf8,0x80,0x90};
    while(1)
    {
        for(i=0;i<10;i++)
        {
            HC595(abs[i]);
            delay(40000);
        }
    }
}
```

(3) 使用两个 74HC595 驱动二位数码管，实现 0～99 计数显示。设计电路，独立编写程序代码完成任务，实现效果。

(4) 仿真成功后，将代码下载到试验箱继续调试。

(5) 实验内容扩展：本例利用 74HC595，通过串行输入数据来控制数码管的显示。说明：74HC595 是具有一个 8 位串入并出的移位寄存器和一个 8 位输出寄存器。

参考源程序的代码如下：

```
#include <reg51.h>
#include <intrins.h>
#define uchar unsigned char
#define uint unsigned int
sbit SH_CP=P2^0;            //移位时钟脉冲
sbit DS=P2^1;               //串行数据输入
sbit ST_CP=P2^2;            //输出锁存器控制脉冲
uchar temp;
uchar code DSY_CODE[]=
{0xc0,0xf9,0xa4,0xb0,0x99,0x92,0x82,0xf8,0x80,0x90};
//延时
void DelayMS(uint ms)
{
    uchar i;
    while(ms--) for(i=0;i<120;i++);
}
//串行输入子程序
void In_595()
{
    uchar i;
    for(i=0;i<8;i++)
    {
        temp<<=1;DS=CY;
        SH_CP=_____;      //移位时钟脉冲上升沿移位
        _nop_();_nop_();
        SH_CP=_____;
    }
}
//并行输出子程序
void Out_595()
{
    ST_CP=0;_nop_();
```

```c
        ST_CP=_____;         //上升沿将数据送到输出锁存器
        _nop_();
        ST_CP=_____;         //锁存显示数据
}
//主程序
void main()
{
    uchar i;
    while(1)
    {
        for(i=0;i<10;i++)
        {
            temp=DSY_CODE[i];
            _____;
            //temp 中的一字节数据串行输入 74HC595
            _____;
            //74HC595 移位寄存数据传输到存储寄存器并出现在输出端
            DelayMS(200);
        }
    }
}
```

六、实验报告

学生在实验结束后必须完成实验报告。实验报告必须包括实验预习、实验记录、思考题三部分内容。实验记录应该忠实地描述操作过程，并提供操作步骤以及调试程序的源代码。

具体实验报告的书写按照实验报告纸的要求逐项完成。

七、其他说明

(1) 设计程序并添加注释。

(2) 把设计的 Proteus 仿真图，写入实验报告。

(3) 思考题：

① 74HC595 是一个 8 位移位寄存器的数字芯片，并具有输出锁存和三态输出。既然可以驱动了那么多的数码管，驱动大屏点阵是不是可以？

② 74HC595 基本的端口是什么含义？

(4) 技能提高：用 74HC595 和 74LS138 组合设计一个 8×8 点阵的显示效果，电路如何连接？程序如何修改？

评价标准：硬件电路原理图的修改、软件程序的修改、软硬件联调、实物连接。

实验十八　74LS148 扩展中断实验

一、实验目的

(1) 了解 74LS148 芯片的内部结构。

(2) 掌握 74LS148 芯片的工作步骤。
(3) 掌握 74LS148 扩展中断的方法。
(4) 掌握集成译码器的逻辑功能和使用方法。
(5) 掌握用集成译码器、编码器组合逻辑电路的方法。
(6) 掌握 74LS148 芯片的特性和控制方法；
(7) 掌握 74LS148 芯片应用电路设计。
(8) 掌握 74LS148 芯片程序设计。

实验十八
74LS148 扩展
中断实验

二、实验任务

(1) 根据提示的电路图，在 Proteus 中完成仿真电路搭建。
(2) 建立工程，根据实验内容，在 Keil 上编写程序代码实现 74LS148 扩展中断显示效果。

三、实验条件

硬件环境：学生自带笔记本电脑、普中科技开发板。

软件工具：Keil 编程软件、Proteus 仿真软件、开发板 USB 转串口 CH340 驱动软件、烧写软件。

四、实验原理

1. 译码器

译码器是一个多输入、多输出的组合逻辑电路。其作用为"翻译"。用途为：①代码转换；②终端数字显示；③数据分配；④存储器寻址；⑤组合控制信号。其分为通用译码器和显示译码器，通用译码器分为变量译码器和代码变换译码器。

2. 变量译码器(二进制译码器)-74LS138

74LS138 有 3 个输入，8 种状态。

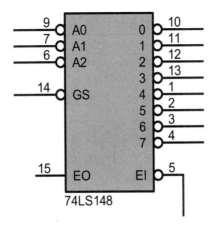

图 18-1　74LS148 引脚排列

74LS148 为 8 线-3 线优先编码器，其引脚排列如图 18-1 所示，共有 54/74148 和 54/74LS148 两种线路结构型式，将 8 条数据线(0~7)进行 3 线(4-2-1)二进制(八进制)优先编码，即对最高位数据线进行译码。利用选通端(EI)和输出选通端(EO)可进行八进制扩展。

3. 芯片管脚

芯片管脚如下。

0~7 编码输入端(低电平有效)。

EI：选通输入端(低电平有效)。

A0、A1、A2：三位二进制编码输出信号即编码输出端(低电平有效)。

GS：优先编码输出端即宽展端(低电平有效)。

EO：选通输出端，即使能输出端。

4. 功能表

74LS148 的输入输出关系如表 18-1 所示(注：表中的 X 表示电平不确定，可能是高电平，也可能是低电平)。

表 18-1　74LS148 的输入输出关系

输入									输出			
EI	0	1	2	3	4	5	6	7	A2	A1	A0	GS	EO
H	X	X	X	X	X	X	X	X	H	H	H	H	H
L	H	H	H	H	H	H	H	H	H	H	H	H	L
L	X	X	X	X	X	X	X	L	L	L	L	L	H
L	X	X	X	X	X	X	L	H	L	L	H	L	H
L	X	X	X	X	X	L	H	H	L	H	L	L	H
L	X	X	X	X	L	H	H	H	L	H	H	L	H
L	X	X	X	L	H	H	H	H	H	L	L	L	H
L	X	X	L	H	H	H	H	H	H	L	H	L	H
L	X	L	H	H	H	H	H	H	H	H	L	L	H
L	L	H	H	H	H	H	H	H	H	H	H	L	H

五、实验内容及步骤

(1) 搭建仿真电路图，如图 18-2 所示。本实验使用 P0 口控制一组 8 位发光二极管，用 P2 口控制 74LS148 芯片，扩展成中断。

(2) 通过建立工程 18-1，把以下程序代码放到 Keil 编译软件工具中，生成 HEX 文件，加载到实验十八的参考仿真电路图中，看显示效果。

参考源程序的代码如下：

```
#include<reg51.h>
#include<intrins.h>
#define uchar unsigned char
#define uint unsigned int
```

```c
sbit LED=P1^0;
//INT0
void EX_INT0() interrupt 0
{
    uchar bi=P2&0x07;
    P0=_cror_(0x7f,bi);
}
void main()
{
    uint i;
    IE=0x81;
    IT0=0;
    while(1)
    {
        LED=~LED;
        for(i=0;i<30000;i++);
        if(INT0==0)
        P0=0xff;
    }
}
```

(3) 利用工程 18-1，修改程序代码，使用其他中断源试一次，效果是否一样？
(4) 仿真成功后，将代码下载到试验箱继续调试。
(5) 实验内容扩展：使用 74LS148 设计一个四路抢答器。

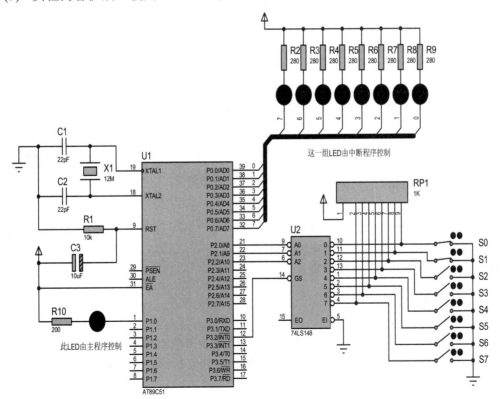

图 18-2　实验十八的参考仿真电路图

六、实验报告

学生在实验结束后必须完成实验报告。实验报告必须包括实验预习、实验记录、思考题三部分内容。实验记录应该忠实地描述操作过程,并提供操作步骤以及调试程序的源代码。

具体实验报告的书写按照实验报告纸的要求逐项完成。

七、其他说明

(1) 设计程序并添加注释。

(2) 把设计的 Proteus 仿真图,写入实验报告。

(3) 思考题:

① 二进制编码器假设输入信号的个数为 N,输出变量二位数为 n,若满足 $N=2(n)$[即 2 的 n 次方]。那个"输出变量二位数为 n 和那个等式"怎么理解?

② 74LS148 有三个输出端,它允许在几个输入端上同时有信号,电路只对其中优先级数最高的信号进行编码。优先级数是指什么?

③ Yex 和 Ys 是用于扩展编码功能的输出端。该电路输入信号低电平有效,输出为三位二进制反码怎么看?

(4) 技能提高:独立设计一段代码,要求使用 74LS148 模拟设计一个交通灯,电路如何连接?程序如何设计?

评价标准:硬件电路原理图修改、软件程序修改、软硬件联调、实物连接。

实验十九　ADC0808 PWM 应用实验

一、实验目的

(1) 了解 ADC0808 芯片的内部结构。
(2) 掌握 ADC0808 芯片的工作步骤。
(3) 掌握 ADC0808 芯片的特性和控制方法。
(4) 掌握 ADC0808 芯片应用电路设计。
(5) 掌握 ADC0808 芯片程序设计。

实验十九
ADC0808
PWM 应用实验

二、实验任务

(1) 根据实验提示的电路图,在 Proteus 中完成仿真电路搭建。

(2) 建立工程,根据电路图,在 Keil 上编写代码实现 ADC0808 控制 PWM 输出的显示效果。

三、实验条件

硬件环境：学生自带笔记本电脑、普中科技开发板。

软件工具：Keil 编程软件、Proteus 仿真软件、开发板 USB 转串口 CH340 驱动软件、烧写软件。

四、实验原理

1. 芯片功能

ADC0808 是采样分辨率为 8 位的、以逐次逼近原理进行模/数转换的器件。其内部有一个 8 通道多路开关，它可以根据地址码锁存译码后的信号，只选通 8 路模拟输入信号中的一个进行 A/D 转换。ADC0808 是 ADC0809 的简化版本，功能基本相同。一般在硬件仿真时采用 ADC0808 进行 A/D 转换，实际使用时采用 ADC0809 进行 A/D 转换。

2. 引脚功能

ADC0808 芯片有 28 条引脚，采用双列直插式封装，各引脚功能如下。

1～5 和 26～28(IN0～IN7)：8 路模拟量输入端。

8、14、15 和 17～21：8 位数字量输出端。

22(ALE)：地址锁存允许信号，输入，高电平有效。

6(START)： A/D 转换启动脉冲输入端，输入一个正脉冲(至少 100ns 宽)使其启动(脉冲上升沿使 0809 复位，下降沿启动 A/D 转换)。

7(EOC)： A/D 转换结束信号，输出，当 A/D 转换结束时，此端输出一个高电平(转换期间一直为低电平)。

9(OE)：数据输出允许信号，输入，高电平有效。当 A/D 转换结束时，此端输入一个高电平，才能打开输出三态门，输出数字量。

10(CLK)：时钟脉冲输入端，要求时钟频率不高于 640kHz。

12(VREF(+))和 16(VREF(-))：参考电压输入端。

11(Vcc)：主电源输入端。

13(GND)：电源接地端。

23～25(ADDA、ADDB、ADDC)：3 位地址输入线，用于选通 8 路模拟输入中的一路，如图 19-1 所示。

ADDA、ADDB、ADDC：3位地址输入线，用于选择8路模拟通道中的一路，选择情况如下：

ADDC	ADDB	ADDA	选择通道
0	0	0	IN0
0	0	1	IN1
0	1	0	IN2
0	1	1	IN3
1	0	0	IN4
1	0	1	IN5
1	1	0	IN6
1	1	1	IN7

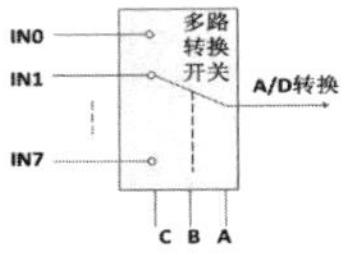

图 19-1 通道选择

3. 典型的集成 ADC 芯片

为了满足多种需要，目前国内外各半导体器件生产厂家设计并生产出了多种多样的 ADC 芯片。仅美国 AD 公司的 ADC 产品就有几十个系列、近百种型号之多。从性能上讲，它们有的精度高、速度快，有的价格低廉。从功能上讲，有的不仅具有 A/D 转换的基本功能，还包括内部放大器和三态输出锁存器；有的甚至还包括多路开关、采样保持器等，已发展为一个单片的小型数据采集系统。

尽管 ADC 芯片的品种、型号很多，其内部功能强弱、转换速度快慢、转换精度高低有很大差别，但从用户最关心的特性看，无论哪种芯片，都必不可少地要包括以下四种基本信号引脚端：模拟信号输入端(单极性或双极性)、数字量输出端(并行或串行)、转换启动信号输入端和转换结束信号输出端。除此之外，各种不同型号的芯片可能还会有一些其他各不相同的控制信号端。选用 ADC 芯片时，除了必须考虑各种技术要求外，通常还需了解芯片以下两方面的特性。

(1) 数字输出的方式是否有可控三态输出。有可控三态输出的 ADC 芯片允许输出线与微机系统的数据总线直接相连，并在转换结束后利用读数信号 RD 选通三态门，将转换结果送上总线。没有可控三态输出(包括内部根本没有输出三态门和虽有三态门、但外部不可控两种情况)的 ADC 芯片则不允许数据输出线与系统的数据总线直接相连，而必须通过 I/O 接口与 MPU 交换信息。

(2) 启动转换的控制方式是脉冲控制式还是电平控制式。对脉冲启动转换的 ADC 芯片，只要在其启动转换引脚上施加一个宽度符合芯片要求的脉冲信号，就能启动转换并自动完成。一般能和 MPU 配套使用的芯片，MPU 的 I/O 写脉冲都能满足 ADC 芯片对启动脉冲的要求。对电平启动转换的 ADC 芯片，在转换过程中启动信号必须保持规定的电平不变，否则，如中途撤销规定的电平，就会停止转换而可能得到错误的结果。为此，必须用 D 触发器或可编程并行 I/O 接口芯片的某一位来锁存这个电平，或用单稳等电路来对启动信号进行定时变换。具有上述两种数字输出方式和两种启动转换控制方式的 ADC 芯片都不少，在实际使用芯片时要特别注意看清芯片说明。下面介绍两种常用芯片的性能和使用方法。

4. ADC0808/0809

ADC0808 和 ADC0809 除精度略有差别外(前者精度为 8 位、后者精度为 7 位)，其余各方面完全相同。它们都是 CMOS 器件，不仅包括一个 8 位的逐次逼近型的 ADC 部分，而且还提供一个 8 通道的模拟多路开关和通道寻址逻辑，因而有理由把它作为简单的"数据采集系统"。利用它可直接输入 8 个单端的模拟信号分时进行 A/D 转换，其在多点巡回检测和过程控制、运动控制中应用十分广泛。

它主要技术指标和特性如下：

(1) 分辨率：8 位。
(2) 总的不可调误差： ADC0808 为±21 LSB，ADC 0809 为±1LSB。
(3) 转换时间：取决于芯片时钟频率。
(4) 单一电源： +5V。

(5) 模拟输入电压范围：单极性 0～5V；双极性±5V，±10V(需外加一定电路)。

(6) 具有可控三态输出缓存器。

(7) 启动转换控制为脉冲式(正脉冲)，上升沿使所有内部寄存器清零，下降沿使 A/D 转换开始。

(8) 使用时不用进行零点和满刻度调节。

5. 工作时序与使用说明

ADC 0808/0809 当通道选择地址有效时，ALE 信号一出现，地址便马上被锁存，这时转换启动信号紧随 ALE 之后(或与 ALE 同时)出现。START 的上升沿将逐次逼近寄存器 SAR 复位，在该上升沿之后的 2μs 加 8 个时钟周期内(不定)，EOC 信号将变低电平，以指示转换操作正在进行中，直到转换完成后 EOC 再变高电平。微处理器收到变为高电平的 EOC 信号后，便立即送出 OE 信号，打开三态门，读取转换结果。

模拟输入通道的选择可以相对于转换开始操作独立地进行(当然，不能在转换过程中进行)，然而通常是把通道选择和启动转换结合起来完成(因为 ADC0808/0809 的时间特性允许这样做)。这样可以用一条写指令既选择模拟通道又启动转换。在与微机接口时，输入通道的选择可有两种方法：一种是通过地址总线选择；一种是通过数据总线选择。如用 EOC 信号去产生中断请求，要特别注意 EOC 的变低相对于启动信号有 2μs+8 个时钟周期的延迟，要设法使它不致产生虚假的中断请求。为此，最好利用 EOC 上升沿产生中断请求，而不是靠高电平产生中断请求。

6. ADC0808/0809 与 51 单片机的接口设计

ADC0808/0809 与 51 单片机的硬件接口有三种方式：查询方式、中断方式和等待延时方式。究竟采用何种方式，应视具体情况，按总体要求而选择。

(1) 延时方式：ADC0809 编程模式在软件编写时，应令 p2.7=A15=0；A0,A1,A2 给出被选择的模拟通道的地址；执行一条输出指令，启动 A/D 转换；执行一条输入指令，读取 A/D 转换结果。通道地址：7FF8H～7FFFH 下面的程序是采用延时的方法，分别对 8 路模拟信号轮流采样一次，并依次把结果转存到数据存储区的采样转换程序。

(2) 中断方式：将 ADC0808/0809 作为一个外部扩展的并行 I/O 口，直接由 8031 的 P2.0 和脉冲进行启动。通道地址为 FEF8H～FEFFH，用中断方式读取转换结果的数字量，模拟量输入通路选择端 A、B、C 分别与 51 的 P0.0、P0.1、P0.2(经 74LS373)相连，CLK 由 8031 的 ALE 提供。

五、实验内容及步骤

(1) 搭建仿真电路图，如图 19-2 所示。本实验使用 P1 口接 ADC0808，采集转换后数字信号，P3.1 口接虚拟示波器。

(2) 通过建立工程 19-1，用 ADC0808 控制 PWM 输出，使用数模转换芯片 ADC0808，通过调节可变电阻 RV1 来调节脉冲宽度，运行程序时，通过虚拟示波器观察占空比的变化效果。把以下程序代码放到 Keil 编译软件工具中，生成 HEX 文件，加载到实验十九参考仿真电路图中，看显示效果。

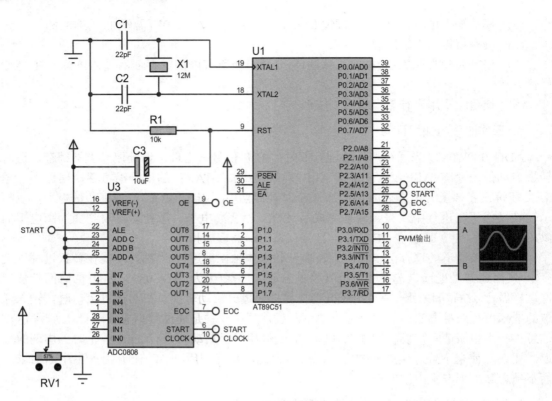

图 19-2　实验十九的参考仿真电路图

参考源程序的代码如下:

```
#include<reg51.h>
#define uchar unsigned char
#define uint unsigned int
sbit CLK=P2^4;
sbit ST=P2^5;
sbit EOC=P2^6;
sbit OE=P2^7;
sbit PWM=P3^0;
void DelayMS(uint ms)
{
    uchar i;
    while(ms--)
    for(i=0;i<40;i++);
}
void main()
{
    uchar Val;
    TMOD=0x02;
    TH0=0x14;
    TL0=0x00;
    IE=0x82;
    TR0=1;
    while(1)
    {
```

```
            ST=0;ST=1;ST=0;
            while(!EOC);
            OE=1;
            Val=P1;
            OE=0;
            if(Val==0)
            {
                PWM=0;
                DelayMS(0xff);
                continue;
            }
            if(Val==0xff)
            {
                PWM=1;
                DelayMS(0xff);
                continue;
            }
            PWM=1;
            DelayMS(Val);
            PWM=0;
            DelayMS(0xff-Val);
        }
}
void Timer0_INT() interrupt 1
{
    CLK=~CLK;
}
```

(3) 利用工程 19-1，修改程序代码，使用 ADC0808 的通道 1 进行数据采集。

(4) 仿真成功后，将代码下载到试验箱继续调试。

(5) 实验内容扩展：独立设计一段代码，要求实现选用 ADC0808 转换器，仿真时利用可调电阻调节电压进行温度的输入量模拟，当温度低于 60℃时，扬声器发出报警和绿光报警，当温度高于 160℃时发出报警和发出红光报警。测量范围在 0～250℃，并能实时显示当前温度值。参考如下中断函数，完成其他部分。

```
unsigned int read_adc(unsigned char adc_input)
//读取 A/D 转换结果
{
    ADMUX=adc_input|ADC_VREF_TYPE;
    ADCSRA|=0x40;        //启动 A/D 转换
    while ((ADCSRA&0x10)==0);   //等待 A/D 转换完成
    ADCSRA|=0x10; return ADCH;
}
void Process(unsigned int i,unsigned char *p)  //数据处理函数
{
    p[0]=i/1000;
    i=i%1000;
    p[1]=i/100;
    i=i%100;
    p[2]=i/10;
    i=i%10;
    p[3]=i;
}
```

六、实验报告

学生在实验结束后必须完成实验报告。实验报告必须包括实验预习、实验记录、思考题三部分内容。实验记录应该忠实地描述操作过程,并提供操作步骤以及调试程序的源代码。

具体实验报告的书写按照实验报告纸的要求逐项完成。

七、其他说明

(1) 设计程序并添加注释。

(2) 把设计的 Proteus 仿真图,写入实验报告。

(3) 思考题:

① ADC 0808 与 ADC 0809 有什么区别?

② ADC 0808 与 ADC 0809 的在用高级语言编程上有何区别?

(4) 技能提高:结合之前所学内容,实现从 ADC0808 的通道 IN3 输入 0~5V 之间的模拟量,通过 ADC0808 转换成数字量在数码管上以十进制形式显示出来。电路如何连接?程序如何设计?

评价标准:流程图绘制、硬件电路原理图的修改、软件程序的修改、软硬件联调、实物连接。

实验二十　BCD 译码数码管显示数字实验

一、实验目的

(1) 了解 BCD 译码数码管芯片的内部结构。

(2) 掌握 BCD 译码数码管芯片的工作步骤。

(3) 掌握 74ALS138 和 74HC595 芯片的特性和控制方法。

(4) 掌握 CMOS4511 七段码锁存/译码/驱动器各引脚的功能、优先权排列及其使用方法。

实验二十　BCD 译码数码管显示数字实验

(5) 测试 CMOS4511 器件的逻辑功能。

(6) 学会 CMOS4511 与七段码 LED 数码管的连接和使用方法。

(7) 掌握 BCD 译码数码管芯片应用电路设计。

(8) 掌握 BCD 译码数码管芯片程序设计。

二、实验任务

(1) 根据提示的电路图,在 Proteus 中完成仿真电路搭建。

(2) 建立工程,根据仿真电路图,在 Keil 上编写代码实现 BCD 译码数码管显示数字效果。

(3) BCD 码经 4511 译码后输出数码管段码,实现数码管显示(4511 驱动数码管)。

三、实验条件

硬件环境:学生自带笔记本电脑、普中科技开发板。

软件工具:Keil 编程软件、Proteus 仿真软件、开发板 USB 转串口 CH340 驱动软件、烧写软件。

四、实验原理

1. CD4511 的特点

CD4511 是一个用于驱动共阴极 LED(数码管)显示器的 BCD 码—七段码译码器,特点:具有消隐和锁存控制、BCD—七段译码及驱动功能的 CMOS 电路,能提供较大的拉电流,可直接驱动 LED 显示器。

2. CD4511 的引脚图

CD4511 的引脚排列如图 20-1 所示。

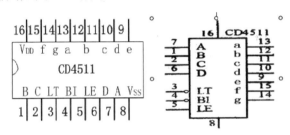

图 20-1 CD4511 的引脚排列

其功能介绍如下。

(1) A、B、C、D:为 8421BCD 码输入端,高电平有效。

(2) a、b、c、d、e、f、g:为译码输出端,输出为高电平 1 有效,可驱动共阴 LED 数码管。

(3) LT(3 脚):测试输入端。该端拥有最高级别权限,与其余所有输入端状态无关,只要=0 时,译码输出全为 1,不管输入 DCBA 状态如何,七段均发亮,显示"8"。这一功能主要用于测试目的,因此正常使用中应接高电平。

(4) BI(4 脚):消隐输入控制端。当=1,=0 时,不管其他输入端状态如何,七段数码管均处于熄灭(消隐)状态,不显示任何数字。

(5) LE(5 脚):锁定控制端。若该端 LE=1,则加在 A、B、C、D 端的外部编码信息不再进入译码,所以 CD4511 的输出状态保持不变;当 LE=0 时,则 A、B、C、D 端的 BCD 码一经改变,译码器就立即输出新的译码值。

(6) 还有两个引脚 8、16 分别表示的是 VDD、VSS。

另外 CD4511 有拒绝伪码的特点,当输入数据越过十进制数 9(1001)时,显示字形也自行消隐。同时，CD4511 显示数"6"时，a 段消隐；显示数"9"时，d 段消隐，所以显示 6、9 这两个数时，字形不太美观。

3. 译码驱动功能

二极管编码器实现了对开关信号的编码，并以 BCD 码的形式输出，为了将输出的 BCD 码能够显示对应十进制数，需要用译码显示电路，选择常用的七段译码显示驱动器 CD4511 作为译码电路。CD4511 真值表如表 20-1 所示。

表 20-1　CD4511 真值表

输入							输出							显示
LE	BI	LT	D	C	B	A	a	b	c	d	e	f	g	
X	X	0	X	X	X	X	1	1	1	1	1	1	1	8
X	0	1	X	X	X	X	0	0	0	0	0	0	0	消隐
0	1	1	0	0	0	0	1	1	1	1	1	1	0	0
0	1	1	0	0	0	1	0	1	1	0	0	0	0	1
0	1	1	0	0	1	0	1	1	0	1	1	0	1	2
0	1	1	0	0	1	1	1	1	1	1	0	0	1	3
0	1	1	0	1	0	0	0	1	1	0	0	1	1	4
0	1	1	0	1	0	1	1	0	1	1	0	1	1	5
0	1	1	0	1	1	0	0	0	1	1	1	1	1	6
0	1	1	0	1	1	1	1	1	1	0	0	0	0	7
0	1	1	1	0	0	0	1	1	1	1	1	1	1	8
0	1	1	1	0	0	1	1	1	1	0	0	1	1	9
0	1	1	1	0	1	0	0	0	0	0	0	0	0	消隐
1	1	1	X	X	X	X	锁存第一个输入的信号							锁存

4. 芯片特点

CD4511 具有 BCD 转换、消隐和锁存控制，七段译码及驱动功能的 CMOS 电路能提供较大的拉电流，可直接驱动共阴 LED 数码管。

5. 推荐工作条件

电源电压范围：3～18V

输入电压范围：0V～VDD

工作温度范围：M 类-55～125℃　E 类-40～85℃

6. 使用方法

CD4511 中 A、B、C、D 为 BCD 码输入，a 为最低位。LT 为灯测试端，加高电平时，显示器正常显示，加低电平时，显示器一直显示数码"8"，各笔段都被点亮，以检查显示器是否有故障。BI 为消隐功能端，低电平时使所有笔段均消隐，正常显示时，BI 端应加高电平。LE 是锁存控制端，高电平时锁存，低电平时传输数据。a～g 是 7 段输出，可驱动共阴 LED 数码管。所谓共阴 LED 数码管是指七段 LED 的阴极是连在一起的，在应用中应接地。限流电阻要根据电源电压来选取，电源电压 5V 时可使用 300Ω 的限流电阻。

五、实验内容及步骤

(1) 搭建仿真电路图，如图 20-2 所示。本实验使用 P1 口前 4 位控制 4511 的 ABCD 编码，其输出端连接 8 位数码管段选，P2 口控制 8 位数码管位选。

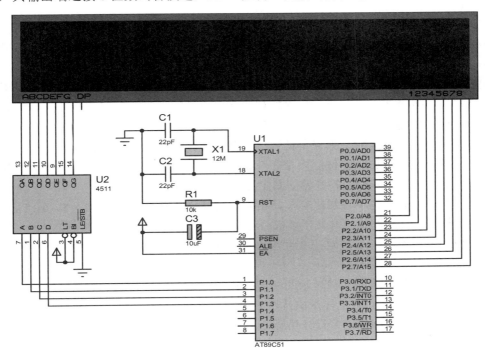

图 20-2　实验二十的参考仿真电路图

(2) 通过建立工程 20-1，把以下程序代码放到 Keil 编译软件工具中，生成 HEX 文件，加载到实验二十的参考仿真电路图对应的控制器中，看显示效果。

参考源程序的代码如下：

```
#include<reg51.h>
#define uchar unsigned char
#define uint unsigned int
uchar code DSY_Index[]=
{0xfe,0xfd,0xfb,0xf7,0xef,0xdf,0xbf,0x7f};
uchar code BCD_CODE[]={2,0,1,4,1,0,1,5};
void DelayMS(uint ms)
{
    uchar i;
    while(ms--)
    for(i=0;i<120;i++);
}
void main()
{
```

```c
        uchar k;
        while(1)
    {
        for(k=0;k<8;k++)
        {
            P2=DSY_Index[k];
            P1=BCD_CODE[k];
            DelayMS(1);
        }
    }
}
```

(3) 利用工程 20-1，修改程序代码，实现数码管显示"30457219"的显示效果。

(4) 仿真成功后，将代码下载到试验箱继续调试。

(5) 实验内容扩展：八路智能抢答器是采用了 CD4511 集成芯片来实现功能要求的，在抢答过程中，每个选手都有一个抢答按钮。在主持人按下复位键宣布抢答开始的时候，选手就开始进行抢答，在指定时间内选手进行抢答，数码显示屏上会显示最先抢答选手的编号，同时扬声器发声提醒。如果主持人没有按下复位键而选手就抢答视为犯规，扬声器持续报警。如果主持人按下复位键没宣布开始而选手就抢答，显示屏显示犯规者的编号，主持人可按复位键，新一轮抢答开始。其主要功能有如下三点。

① 可同时供 8 名选手参加比赛，其相应的编号分别是 1、2、3、4、5、6、7、8，各用一个抢答按钮，按钮的编号与选手的编号相对应。

② 给主持人设置一个控制开关，用来控制系统的清零(编号显示数码管灭灯)和抢答的开始。

③ 抢答器具有数据锁存和显示的功能。抢答开始后，若有选手按动抢答按钮，编号立即锁存，并在 LED 数码管上显示出选手的编号。

根据要求，编写程序代码，设计仿真图，验证效果。

六、实验报告

学生在实验结束后必须完成实验报告。实验报告必须包括实验预习、实验记录、思考题三部分内容。实验记录应该忠实地描述操作过程，并提供操作步骤以及调试程序的源代码。

具体实验报告的书写按照实验报告纸的要求逐项完成。

七、其他说明

(1) 设计程序并添加注释。

(2) 把设计的 Proteus 仿真图，写入实验报告。

(3) 思考题：

① 电梯楼层显示电路，按动标有 1、2、3、4、5、6、7、8 的其一按键时，为什么可显示相应的数字？根据你的知识尝试解析其原理。

② 计算机内字符是如何保存和显示？字符的代码与字形是否相同？字库是什么？字

库存放的是字符的代码还是字形？

③ 分析如何将一个 100 以内的数分解成两位 BCD 数的？

④ 分析如何实现显示数值每秒减 1 功能？

⑤ 实验电路中若不用 CD4511，可否改用其他什么芯片以实现相同功能？

⑥ 若将仿真电路中的共阴极数码管改成共阳极数码管，是否可行？为什么？

(4) 技能提高：采用共阴极 LED 显示驱动芯片 CD4511 设计两位数的 LED 静态显示电路，其功能为每隔 1 秒两位 8421BCD 减 1 计数，从 99 开始，减到 0 时，再过 1 秒，又从 99 开始，周而复始循环计时，晶振频率 6MHz，电路如何连接？程序如何设计？

可参考以下程序代码：

```c
main()
{
    int x=99;
    while(1)
    {
        if(x==-1)
            x=99;
        else
        {
            disp(x);
            delay(100);
            x--;
        }
/*      disp(x);
        delay(100);
        x=(x<0)?99:x-1;         */
    }
}
void disp(int x)
{
    int x1,x0;
    x1=((x/10)&0x0f)<<4;
    x0=(x%10)&0x0f;
    P1=x1|x0;
}
```

评价标准：硬件电路原理图的修改、软件程序的修改、软硬件联调、实物连接。

第二部分

综合实验部分

实验二十一　可以调控的走马灯设计实验

实验二十一
可以调控的走马灯
设计实验

一、设计要求

多功能走马灯的具体要求如下。

(1) 显示效果使用 16 个 LED。

(2) 设置 3 个按键：K1——模式键，通过按键调整显示结果，要求有 8 种模式；K2——加速键，提高走马灯显示效果的速度；K3——减速键，放慢走马灯的显示效果速度。

(3) 8 种模式通过一个共阴型数码管显示出来，比如，走马灯的显示效果为模式一时，数码管显示数字"1"。

在电路的连接与安装当中没出现什么问题，电路连接好后，下载程序，一切运行正常，LED 具有 8 种显示模式，分别如下。

模式 1：LED 从左到右循环点亮，只有一个灯亮。

模式 2：LED 从右到左循环点亮，只有一个灯亮。

模式 3：LED 从左到右，然后从右到左，只有一个灯亮。

模式 4：一个灯从左到右灭，然后从右到左，循环灭。

模式 5：LED 灯从左到右灭，然后从右到左灭，再接着就是从右到左点亮，从左到右点亮。

模式 6：4 个 LED 点亮，从左到右，然后从右到左，每次循环到一个灯亮时，就重新循环。

模式 7：4 个 LED 灭，从左到右，然后从右到左，每次循环到一个灯灭时，就重新循环。

模式 8：6 个 LED 灯亮，从左到右，到达边界时立即返回，不停留。

二、设计目的

多功能走马灯可以应用到装饰当中去装饰一些东西，更具有吸引力、漂亮。熟悉掌握 SPI 接口的应用，还有利用 SPI 对 74HC595 的控制学会如何编写程序控制具有连发功能的按键，如何控制 16 个 LED。

三、参考仿真电路图

实验二十一的参考仿真电路图如图 21-1 所示。

四、程序设计

参考源程序的代码如下：

```
#include<reg51.h>
#define uchar unsigned char
#define uint unsigned int
uchar ModeNo; uint Speed;
uchar tCount=0; uchar Idx;
uchar mb_Count=0;
```

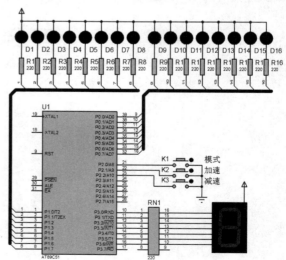

图 21-1　实验二十一的参考仿真电路图

```c
bit Dirtect=1;
uchar code  DSY_CODE[]=
{0xC0,0xF9,0xA4,0xB0,0x99,0x92,0x82,0xF8,0x80,0x90};
uint code sTable[]=
{0,1,3,5,7,9,15,30,50,100,200,230,280,300,350};
void Delay(uint x)
{
    uchar i;
    while (x--)
        for(i=0;i<120;i++);
}
uchar GetKey()
{
    uchar K;
    if(P2==0xFF)
    return 0;
    Delay(10);
    switch(P2)
    {
        case 0xFE: K=1; break;
        case 0xFD: K=2; break;
        case 0xFB: K=3; break;
        default: K=0;
    }
    while (P2!=0xFF);
    return K;
}
void Led_Demo(uint Led16)
{
    P1=(uchar)(Led16 & 0x00FF);
    P0=(uchar)(Led16 >>8);
}
    void T0_TNT() interrupt 1
{
    if (++tCount < Speed) return;
    tCount=0;
    switch (ModeNo)
    {
        case 0: Led_Demo(0x0001 << mb_Count);break;
        case 1: Led_Demo(0x8000 >> mb_Count);break;
        case 2: if(Dirtect) Led_Demo(0x000F << mb_Count);
            else
                Led_Demo(0xF000 >> mb_Count);
            if(mb_Count==15) Dirtect =!Dirtect;
            break;
        case 3: if(Dirtect) Led_Demo(~(0x000F << mb_Count));
            else
                Led_Demo(~(0xF000 >> mb_Count));
            if(mb_Count==15) Dirtect =!Dirtect;
            break;
        case 4: if(Dirtect) Led_Demo(0x003F << mb_Count);
        else
        Led_Demo(0xFC00 >> mb_Count);
            if(mb_Count==15) Dirtect=!Dirtect; break;
   case 5: if(Dirtect) Led_Demo(0x0001 << mb_Count);
        else
            Led_Demo(0x8000 >> mb_Count);
        if(mb_Count==15)
            Dirtect =!Dirtect;
```

```c
            break;
    case 6: if(Dirtect) Led_Demo(~(0x0001 << mb_Count));
            else
                Led_Demo(~(0x8000 >> mb_Count));
            if(mb_Count==15)
                Dirtect =!Dirtect;break;
    case 7: if(Dirtect) Led_Demo(0xFFFE << mb_Count);
            else
                Led_Demo(0x7FFF >> mb_Count);
            if(mb_Count==15) Dirtect =!Dirtect;
            break;
    }
    mb_Count=(mb_Count+1)%16;
}
void KeyProcess(uchar Key)
{
    switch(Key)
    {
    case 1:
            Dirtect=1;mb_Count=0;
            ModeNo=(ModeNo+1)%8;
            P3=DSY_CODE[ModeNo];
            break;
    case 2:if (Idx>1) Speed=sTable[--Idx];break;
    case 3:if (Idx<15) Speed=sTable[++Idx];
    }
}
void main()
{
    uchar Key;
    P0=P1=P2=P3=0xFF;
    ModeNo=0;Idx=4;
    Speed=sTable[Idx];
    P3=DSY_CODE[ModeNo];
    IE=0x82;
    TMOD=0x00;
    TR0=1;
    while(1)
    {
        Key=GetKey();
        if(Key!=0)  KeyProcess(Key);
    }
}
```

实验二十二　用数码管设计的可调式电子钟实验

一、设计要求

数字钟要求能显示 24 小时制时间，具有可随时进行时间校对调整、整点报时和闹钟功能。

原理图设计要求符合项目的工作原理，接线要正确，图中所使用的元器件要合理选择，电阻、电容等器件要标出相关参数。原理图通过绘图软件打印出。

原理图设计中简要说明设计目的、原理图中所使用的元器件功能在图中的作用、各器

实验二十二　用数码管设计的可调式电子钟实验

件的工作过程及顺序。

程序设计中对程序总体功能及结构进行说明，对各子模块的功能以及各子模块之间的关系作较详细的说明，画出工作原理图、流程图并给出程序清单。

正常显示：单片机中装入程序后，接通电源即显示屏显示 0000 00，开始计时，D2 显示屏每 1 秒加 1，秒数加到 60，分钟数加 1，D2 显示回零，继续从 0 开始计时，分钟数加到 60，小时数加 1，小时数加到 24 回零，继续按规则计时。整点报时响铃一次，闹钟响铃两次。

调整：按下 B2 键进入相应功能的调整，按下第一次为调整时钟的小时数，按下第二次为调整时钟的分钟数，按下第三次为调整时钟的秒数，按下第四次为设定闹钟的小时数，按下第五次为设定闹钟的分钟数，这时会停止计时，显示屏只会显示相应调整的项，其他项熄灭，调整完后再按 B2 跳回正常计时。

显示屏 D1 用于显示时和分，D2 用于显示秒。

二、设计目的

利用单片机设计一个数字时钟，加深对单片机的熟悉程度，把学习到的理论知识应用到实际中，把单片机的知识系统地联系起来，增强动手能力，为以后的设计工作做准备。同时，也是对学习单片机的一次检验。

三、参考仿真电路图

参考仿真电路图如图 22-1 所示。

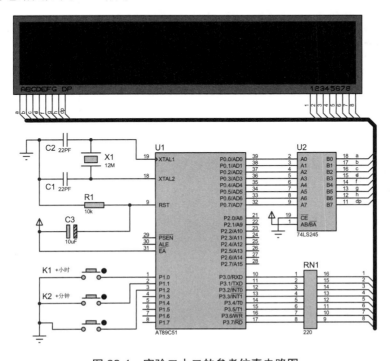

图 22-1 实验二十二的参考仿真电路图

四、程序设计

主程序执行时钟的显示,利用动态显示,先显示时,然后显示分、秒,每一位中间隔着相应的延时,时、分、秒的数值分别用三个寄存器存储,主程序只需直接显示寄存器里的内容即可。

计时子程序由内部定时器中断程序完成,定时器定时 50ms,每 50ms 中断一次,中断 20 次后即够 1 秒,存储秒数的寄存器加 1,加够 60 秒,分钟数加 1,分钟数加够 60,小时数加 1,一直计算下去,实现 24 小时的计时。

调整程序由两个外中断子程序配合完成,外中断 1 子程序用于设定调整的内容,以区分调整时钟的时、分、秒,以及设定闹钟的时、分。外中断 0 子程序用于对相应的调整项进行加 1 操作。

整点报时功能只要在每次时钟的小时数加 1 的时候输出一声铃声就可以了,闹钟功能即要在每次计时的时候判断时钟的时、分时候与闹钟设定的时、分相同,若相同即响铃两声,不同即继续执行。

程序的各部分以及一些功能在程序清单上也有标注。

参考源程序的代码如下:

```
#include<reg52.h>
#define uchar unsigned char
#define uint  unsigned int
Uchar temp1,temp2,temp3,aa,miaoshi,miaoge,fenshi,
fenge,shishi,shige;
uchar code table[]=
{0xc0,0xf9,0xa4,0xb0,0x99,0x92,0x82,0xf8,0x80,0x90};
void display(uchar shishi,uchar shige,uchar fenshi,uchar fenge,uchar
miaoshi,uchar miaoge);
sbit S1=P1^0;
sbit S2=P1^1;
sbit S3=P1^2;
void delay(uint z);
void init();
void main()
{
    init();
    while(1)
    {
        if(S1==0)
        {
            temp3++;
            while(S1==0);
        }
        if(S2==0)
        {
            temp2++;
            while(S2==0);
        }
        if(S3==0)
        {
```

```
            temp1++;
            while(S3==0);
        }
        if(aa==20)
        {   aa=0;
temp1++;
if(temp1==60)
{
temp1=0;
temp2++;
}
        if(temp2==60)
        {   temp2=0;
temp3++;
}
        if(temp3==24)
        {
            temp3=0;
        }
        miaoshi=temp1/10;
        miaoge=temp1%10;
        fenshi=temp2/10;
        fenge=temp2%10;
        shishi=temp3/10;
        shige=temp3%10;
        }
        display(shishi,shige,fenshi,fenge,miaoshi,miaoge);
    }
}
void delay(uint z)
{
    uchar x,y;
    for(x=z;x>0;x--)
    for(y=110;y>0;y--);
    }
void display(uchar shishi,uchar shige,uchar fenshi,uchar fenge,uchar miaoshi,uchar miaoge)
{
    P3=0x40;
    P0=table[miaoshi];
    delay(5);
    P3=0x00;
    P3=0x80;
    P0=table[miaoge];
    delay(5);
    P3=0x00;
    P3=~0xf7;
    P0=table[fenshi];
    delay(5);
    P3=0x00;
    P3=~0xef;
    P0=table[fenge];
    delay(5);
```

```c
        P3=0x00;
        P3=~0xfe;
        P0=table[shishi];
        delay(5);
        P3=0x00;
        P3=~0xfd;
        P0=table[shige];
        delay(5);
        P3=0x00;
        P3=~0xdf;
        P0=0xbf;
        delay(5);
        P3=0x00;
        P3=~0xfb;
        P0=0xbf;
        delay(5);
        P3=0x00;
        delay(5);
}
void init()
{
        temp1=0;
        temp2=0;
        temp3=0;
        TMOD=0x01;
        TH0=(65536-50000)/256;
        TL0=(65536-50000)%256;
        EA=1;
        ET0=1;
        TR0=1;
}
void timer0()interrupt 1
{
        TH0=(65536-50000)/256;
        TL0=(65536-50000)%256;
        aa++;
}
```

实验二十三　LED 点阵屏仿电梯数字滚动显示实验

一、设计要求

本案例的主要任务是完成一个电梯系统的智能控制模块，即根据每个楼层不同顾客的按键要求，让电梯做出合理的判断，正确高效地指导电梯完成各项载客任务。设计基于单片机的电梯智能控制系统的硬件电路与软件程序，给出硬件系统的电路原理图，对硬件电路与软件分别进行调试，得到调试成功的基于单片机的电梯智能控制系统。

根据此任务，本项目需要完成的内容如下。

(1) 根据系统的技术要求，进行系统硬件的总体方案设计。

实验二十三　LED 点阵屏仿电梯数字滚动显示实验

(2) 学习单片机的相关知识，并且加以运用。
(3) 选择适当的芯片，并对其内部协议有所掌握，便于应用。
(4) 研究单片机 C 语言编程，并且规定电梯的工作规则，用 C 语言加以实现。
(5) 对软件和硬件进行调试，让其协调工作，完成指定任务。

二、设计目的

LED 电子显示屏是利用发光二极管点阵模块组成的平面式显示屏幕。它具有发光效率高、使用寿命长、组态灵活、色彩丰富以及对室内外环境适应能力强等优点，广泛用于公交汽车、码头、商店、学校和银行等公共场合，用于信息的发布和广告宣传。

自 20 世纪 80 年代开始，LED 电子显示屏的应用领域已经遍布了交通、电信、教育、广告宣传等各方面。LED 电子显示屏发展较快，其在成本和产生的社会效益等方面都有独特的优势。

三、参考仿真电路图

参考仿真电路图如图 23-1 所示。

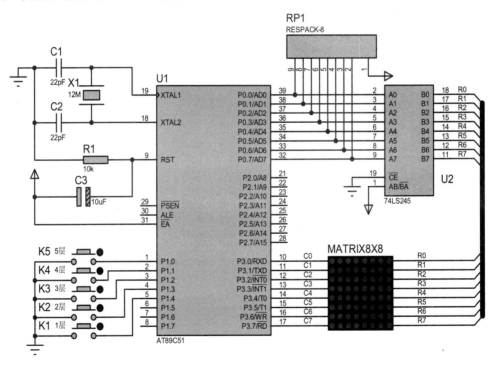

图 23-1　实验二十三的参考仿真电路图

四、程序设计

电梯智能控制功能实现流程图如图 23-2 所示。

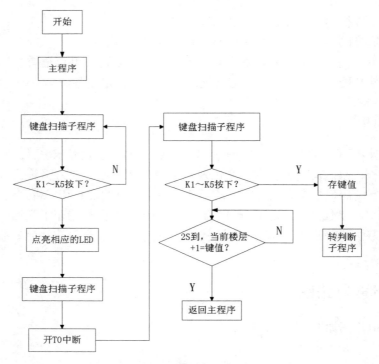

图 23-2　电梯智能控制功能实现流程图

参考源程序的代码如下：

```c
#include <reg51.h>   //52系列单片机头文件
#include <intrins.h>
#define uchar unsigned char
#define uint unsigned int
uchar code Table_OF_Digits[]=
{
    0x00,0x3C,0x66,0x42,0x42,0x66,0x3C,0x00,//0
    0x00,0x08,0x38,0x08,0x08,0x08,0x3E,0x00,//1
    0x00,0x3C,0x04,0x04,0x3C,0x20,0x3C,0x00,//2
    0x00,0x3C,0x04,0x3C,0x04,0x04,0x3C,0x00,//3
    0x00,0x20,0x28,0x28,0x3C,0x08,0x08,0x00,//4
    0x00,0x3C,0x20,0x20,0x3C,0x04,0x3C,0x00,//5
    0x00,0x20,0x20,0x20,0x3C,0x24,0x3C,0x00,//6
    0x00,0x3C,0x04,0x04,0x04,0x04,0x04,0x00//7
};
uint r = 0;
char offset = 0;
uchar Current_Level = 1,Dest_Level = 1,x = 0,t = 0;
//主程序
void main()
{
    P3 = 0x80;
    Current_Level = 1;
    Dest_Level = 1;
    TMOD = 0x01;
    TH0 = -4000/256;
```

```c
        TL0 = -4000%256;
        TR0 = 1;
        IE = 0x82;
         while(1);
    }
    // T0 中断
    void LED_Screen_Display() interrupt 1
    {
        uchar i ;
        if (P1 !=0xFF && Current_Level==Dest_Level)
        {
            if (P1 == 0xFE)
                Dest_Level = 5;
            if (P1 == 0xFD)
                Dest_Level = 4;
            if (P1 == 0xFB)
                Dest_Level = 3;
            if (P1 == 0xF7)
                Dest_Level = 2;
            if (P1 == 0xEF)
                Dest_Level = 1;
        }
        TH0 = -4000/256;
        TL0 = -4000%256;
        P3 = _crol_(P3 , 1);
        i = Current_Level * 8 + r  + offset;
        P0 = ~Table_OF_Digits[i];
        //上升显示
        if (Current_Level < Dest_Level)
        {
            if( ++r == 8)
            {
                r = 0;
                if (++x == 4)
                {
                    x = 0;
                    if (++offset == 8)
                    {
                        offset = 0;
                        Current_Level++;
                    }
                }
            }
        }
    //下降显示
    else
    if (Current_Level > Dest_Level)
    {
        if( ++r == 8)
        {
            r = 0;
            if (++x == 4)
            {
                x = 0;
                if (--offset == -8)
```

```
                {
                    offset = 0;
                    Current_Level--;
                }
            }
        }
    }
//停止滚动，保持稳定地刷新显示
        else
        {
            if( ++r == 8) r = 0;
        }
    }
```

实验二十四　篮球计分计时器设计实验

实验二十四
篮球计分计时器
设计实验

一、设计要求

（1）能记录整个赛程的比赛时间，并能在比赛开始前设定比赛时间，在比赛过程中能暂停比赛时间。

（2）能随时刷新甲、乙两队在整个赛程中的比分，即对甲乙两队的分数进行加分和减分。

（3）中场交换比赛场地时，能交换甲、乙两队比分的位置。

（4）比赛结束时能发出报警提示。

（5）在每次交换球权后 24 秒能手动赋初值，进攻超过 24 秒计时暂停直到按下开关继续开始计时。

二、设计目的

随着单片机在各个领域的广泛应用，许多用单片机做控制的球赛计时计分系统也应运而生，如用单片机控制 LCD 液晶显示器计时计分器，用单片机控制 LED 七段显示器计时计分器等。

本设计用由 AT89C51 编程控制 LED 七段数码管作显示的球赛计时计分系统。该系统具有赛程定时设置，赛程时间暂停，及时刷新甲、乙双方的成绩，以及赛后成绩暂存等功能。它具有价格低廉，性能稳定，操作方便并且易于携带等特点。

通过本次基于 C51 系列篮球计时计分器的设计，可以了解、熟悉有关单片机开发设计的过程，并加深对单片机的理解和应用，以及掌握单片机与外围接口的一些方法和技巧。这主要表现在以下一些方面。

（1）篮球赛计时计分系统包含了 8051 系列单片机的最小应用系统的构成，同时在此基础上扩展了一些使用性强的外围接口。

（2）可以了解到 LED 显示器的结构、工作原理，以及这种显示器的接口实例与具体连接与编程方法。

（3）怎样利用串行口来扩展显示接口。

三、参考仿真电路图

基于单片机系统的篮球计时记分器的系统结构如图 24-1 所示，仿真电路图如图 24-2 所示。

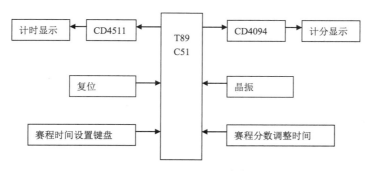

图 24-1 篮球计时记分器的系统结构

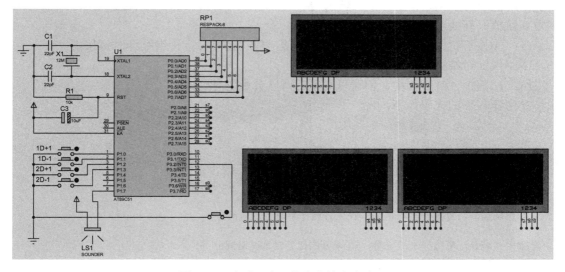

图 24-2 实验二十四的参考仿真电路图

系统硬件由三个部分组成：处理器(单片机 AT89C51)、显示部分、按键开关。

处理器：本系统采用单片机 AT89C51 作为本设计的核心元件，兼容 MCS-51 指令系统，32 个双向 I/O 口，两个 16 位可编程定时/计数器，1 个串行中断，两个外部中断源，低功耗空闲和掉电模式，4K 可反复擦写(>1000 次)Flash ROM，全静态操作 0～24MHz，128×8bit 内部 RAM，共 6 个中断源，足以满足本次设计的要求。

显示部分：在本次设计中，共接入 12 个七段共阴 LED 显示器，其中 6 个用于记录甲、乙两队的分数，每队 3 个 LED 显示器分数范围可达到 0～999 分，足够满足赛程需要。另外的 6 个 LED 显示器则用于记录赛程的时间，分、秒、进攻时间，各用 2 个 LED 显示。其中显示分钟两位数字和显示进攻时间的四个 LED 可以通过按键进行调整设定。当把时间设置好后，按下开始计时按键，比赛开始时启动计时。分钟和进攻时间可以设置的范围为 0~99。根据设计，计时范围可达 0~99 分钟，进攻时间最大为 99 秒也完全满足赛程的需要。

按键部分：本次设计共用了 10 个按键。其中 4 个来调整甲乙两队的分数，每个队用 2 个按键，分别对分数进行加 1 分和减 1 分。2 个按键用来设定比赛时间的分钟，这 2 个按键分别控制分钟的十位和个位。2 个按键来设定进攻时间的十位和个位。剩下的两个按键，一个用来控制比赛时间的开始与暂停，另外一个用来控制进攻时间，当按下比赛开始/暂停按键时，比赛的时间由原来的状态变为另一种状态，进攻调整按键则是在交换球权的时候，手动来赋予进攻时间初值。

当一场比赛结束的时候，暂停/开始按键还能完成交换两队分数的功能。

四、程序设计

(1) 在上电时，先对系统初始化。等待时间设定。
(2) 当时间设定完成之后，按下开始键，系统显示分值和比赛时间。
(3) 进攻时间由设定值减到 0 时。整个系统暂停计时，直到开始键重新按下。进攻时间重新赋值，开始继续计时。
(4) 当按下暂停按键时，进攻时间赋初值，停止计时，等待继续计时键按下。
(5) 倒计时结束时，发出 10 秒警报。
(6) 在整个计时过程中，都可以对甲乙两队分数进行修改。

参考源程序的代码如下：

```
#include<reg51.h>
#define LEDData P0
unsigned char code LEDCode[]=
{0x3f,0x06,0x5b,0x4f,0x66,0x6d,0x7d,0x07,0x7f,0x6f};
unsigned char minit,second,count,count1; //分，秒，计数器
sbit add1=P1^0;
//甲队加分，每按一次加 1 分 /在未开始比赛时为加时间分
sbit dec1=P1^1;
//甲队减分，每按一次减 1 分 /在未开始比赛时为减时间分
sbit add2=P1^2;
//乙队加分，每按一次加 1 分 /在未开始比赛时为加时间秒
sbit dec2=P1^3;
//乙队减分，每按一次减 1 分 /在未开始比赛时为减时间秒
sbit secondpoint=P0^7; //秒闪动点
//----依次点亮数码管的位------
sbit led1=P2^7;
sbit led2=P2^6;
sbit led3=P2^5;
sbit led4=P2^4;
sbit led5=P2^3;
sbit led6=P2^2;
sbit led7=P2^1;
sbit led8=P2^0;
sbit led9=P3^7;
sbit led10=P3^6;
sbit led11=P3^5;
```

```c
sbit alam=P1^7;          //报警
bit  playon=0;
//比赛进行标志位,为1时表示比赛开始,计时开启
bit  timeover=0;         //比赛结束标志位,为1时表示已到规定时间
bit  AorB=0;             //甲乙队交换位置标志位
bit  halfsecond=0;       //半秒标志位
unsigned int scoreA;//甲队得分
unsigned int scoreB;//乙队得分
void Delay5ms(void)
{
    unsigned int i;
    for(i=100;i>0;i--);
}
void display(void)
{
//-----------显示时间分--------------
    LEDData=LEDCode[minit/10];
    led1=0;
    Delay5ms();
    led1=1;
    LEDData=LEDCode[minit%10];
    led2=0;
    Delay5ms();
    led2=1;
//-------------秒点闪动-------------
    if(halfsecond==1)
        LEDData=0x80;
    else
        LEDData=0x00;
    led2=0;
    Delay5ms();
    led2=1;
    secondpoint=0;
//-----------显示时间秒------------
    LEDData=LEDCode[second/10];
    led3=0;
    Delay5ms();
    led3=1;
    LEDData=LEDCode[second%10];
    led4=0;
    Delay5ms();
    led4=1;
//-----------显示1组分数的百位-------
    if(AorB==0)
        LEDData=LEDCode[scoreA/100];
    else
        LEDData=LEDCode[scoreB/100];
    led5=0;
    Delay5ms();
    led5=1;
//--------------显示1组分数的十位-----------
    if(AorB==0)
        LEDData=LEDCode[(scoreA%100)/10];
    else
```

```c
            LEDData=LEDCode[(scoreB%100)/10];
        led6=0;
        Delay5ms();
        led6=1;
    //--------------显示1组分数的个位------------
        if(AorB==0)
            LEDData=LEDCode[scoreA%10];
        else
            LEDData=LEDCode[scoreB%10];
        led7=0;
        Delay5ms();
        led7=1;
    //-----------显示2组分数的百位--------
        if(AorB==1)
            LEDData=LEDCode[scoreA/100];
        else
            LEDData=LEDCode[scoreB/100];
        led8=0;
        Delay5ms();
        led8=1;
    //-----------显示2组分数的十位-----------
        if(AorB==1)
            LEDData=LEDCode[(scoreA%100)/10];
        else
            LEDData=LEDCode[(scoreB%100)/10];
        led9=0;
        Delay5ms();
        led9=1;
    //-----------显示2组分数的个位-----------
        if(AorB==1)
            LEDData=LEDCode[scoreA%10];
        else
            LEDData=LEDCode[scoreB%10];
        led10=0;
        Delay5ms();
        led10=1;
}
//==按键检测程序=========
void keyscan(void)
{
    if(playon==0)
    {
        if(add1==0)
        {
            display();
            if(add1==0);
            {
                if(minit<99)
                    minit++;
                else
                    minit=99;
            }
            do
                display();
            while(add1==0);
```

```
        }
        if(dec1==0)
        {
            display();
            if(dec1==0);
            {
                if(minit>0)
                    minit--;
                else
                    minit=0;
            }
            do
                display();
            while(dec1==0);
        }
        if(add2==0)
        {
            display();
            if(add2==0);
            {
                if(second<59)
                    second++;
                else
                    second=59;
            }
            do
                display();
            while(add2==0);
        }
        if(dec2==0)
        {
            display();
            if(dec2==0);
            {
                if(second>0)
                    second--;
                else
                    second=0;
            }
            do
                display();
            while(dec2==0);
        }
    }
    else
    {
        if(add1==0)
        {
            display();
            if(add1==0);
            {
                if(AorB==0)
                {
```

```c
            if(scoreA<999)
                scoreA++;
            else
                scoreA=999;
        }
        else
        {
            if(scoreB<999)
                scoreB++;
            else
                scoreB=999;
        }
    }
    do
        display();
    while(add1==0);
}
if(dec1==0)
{
    display();
    if(dec1==0);
    {
        if(AorB==0)
        {
            if(scoreA>0)
                scoreA--;
            else
                scoreA=0;
        }
        else
        {
            if(scoreB>0)
                scoreB--;
            else
                scoreB=0;
        }
    }
    do
        display();
    while(dec1==0);
}
if(add2==0)
{
    display();
    if(add2==0);
    {
        if(AorB==1)
        {
            if(scoreA<999)
                scoreA++;
            else
                scoreA=999;
        }
```

```c
                else
                {
                    if(scoreB<999)
                        scoreB++;
                    else
                        scoreB=999;
                }
            }
            do
                display();
            while(add2==0);
        }
        if(dec2==0)
        {
            display();
            if(dec2==0);
            {
                if(AorB==1)
                {
                    if(scoreA>0)
                        scoreA--;
                    else
                        scoreA=0;
                }
                else
                {
                    if(scoreB>0)
                        scoreB--;
                    else
                        scoreB=0;
                }
            }
            do
                display();
            while(dec2==0);
        }
    }
}
//******************主函数********************
void main(void)
{
    TMOD=0x11;
    TL0=0xb0;
    TH0=0x3c;
    TL1=0xb0;
    TH1=0x3c;
    minit=15;                   //初始值为15:00
    second=0;
    EA=1;
    ET0=1;
    ET1=1;
    TR0=0;
```

```c
        TR1=0;
        EX0=1;
        IT0=1;
        IT1=1;
        EX1=1;
        PX0=1;
        PX1=1;
        PT0=0;
        P1=0xFF;
        P3=0xFF;
        while(1)
        {
            keyscan();
            display();
        }
    }
    void PxInt0(void) interrupt 0
    {
        Delay5ms();
        EX0=0;
        alam=1;
        TR1=0;
        if(timeover==1)
        {
            timeover=0;
        }
        if(playon==0)
        {
            playon=1;              //开始标志位
            TR0=1;                 //开启计时
        }
        else
        {
            playon=0;              //开始标志位清零,表示暂停
            TR0=0;                 //暂时计时
        }
        EX0=1;                     //开中断
    }
    void PxInt1(void) interrupt 2
    {
        Delay5ms();
        EX1=0;                     //关中断
        if(timeover==1)
//比赛结束标志,必须一节结束后才可以交换,中途不能交换场地
        {
            TR1=0;                 //关闭T1计数器
            alam=1;                //关报警
            AorB=~AorB;            //开启交换
            minit=15;              //并将时间预设为15:00
            second=0;
        }
        EX1=1;                     //开中断
```

```c
}
//***************中断服务函数********************
void  time0_int(void) interrupt 1
{
    TL0=0xb0;
    TH0=0x3c;
    TR0=1;
    count++;
    if(count==10)
    {
        halfsecond=0;
    }
    if(count==20)
    {
        count=0;
        halfsecond=1;
        if(second==0)
        {
            if(minit>0)
            {
                second=59;
                minit--;
            }
            else
            {
                timeover=1;
                playon=0;
                TR0=0;
                TR1=1;
            }
        }
        else
            second--;
    }
}
//*******************中断服务函数********************
void  time1_int(void) interrupt 3
{
    TL1=0xb0;
    TH1=0x3c;
    TR1=1;
    count1++;
    if(count1==10)
    {
        alam=0;
    }
    if(count1==20)
    {
        count1=0;
        alam=1;
    }
}
```

实验二十五　密码锁设计实验

一、设计要求

　　AT89S52 单片机 P1 引脚外接独立式按键 S1～S8，分别代表数字键 0～5、确定键、取消键。单片机从 P3.0～P3.3 输出 4 个信号，分别为 1 个电磁开锁驱动信号和密码错误指示、报警输出、已开锁指示信号，分别用发光二极管 L1～L4 指示。P3.4 接一有源蜂鸣器，用于实现提示音。

1. 基本要求

　　(1)　初始密码为 123450，输完后按确定键开锁，取消键清除所有输入，每次按键有短"滴"声按键提示音。

　　(2)　密码输入正确后，输出一个电磁锁开锁信号与已开锁指示，并发出两声短"滴"声提示。4 秒后开锁信号与已开锁指示清零。

　　(3)　密码输入错误时，发出一声长"滴"声错误指示提示音，密码错误指示灯亮，三次密码错误时，发出长鸣声报警，密码错误指示灯亮，报警指示灯亮，此后 15 秒内无法再次输入密码，15 秒过后，清除所有报警和指示。

　　(4)　5 秒内无任何操作后，清除所有输入内容，等待下次输入。

2. 设计要求

　　(1)　设计方案要合理、正确。
　　(2)　系统硬件设计及焊接制作。
　　(3)　系统软件设计及调试。
　　(4)　系统联调。

3. 主要设计条件

　　(1)　MCS-51 单片机实验操作台 1 台。
　　(2)　PC 机及单片机调试软件。
　　(3)　单片机应用系统板 1 套。
　　(4)　制作工具 1 套。
　　(5)　系统设计所需的元器件。

二、设计目的

　　在安全防范技术领域，具有防盗报警功能的电子密码控制系统逐渐代替传统的机械式密码控制系统，电子密码控制系统克服了机械式密码控制的密码量少、安全性能差的缺点。随着大规模集成电路技术的发展，特别是单片机的问世，出现了带微处理器的智能密码控制系统，它除了具有传统电子密码控制系统的功能，还引入了智能化管理、专家分析系统等功能，具有很强的安全性、可靠性，应用日益广泛。

三、参考仿真电路图

(1) 分析任务要求，写出系统整体设计思路。

根据题目的要求，需要考虑如下几个任务：按键的输入、密码的判断、密码输入正确或错误的计时、输出信号的控制等。

键盘的输入：由于需要输入 6 个数字作为密码，先要判断按键是数字键还是功能键，若判断为数字键按下，则需要将每次键盘的输入内容依次暂存在一个数组中。在每次按键输入时，需要启动定时器实现待机计时(5 秒)，若 5 秒内没有输入内容则清除已输入的内容。

密码的判断和计时：在按下确认键之后，要将输入的内容与初始密码核对，如果密码正确，输出相应的指示，同时还要启动定时器实现 4 秒的计时。如果密码错误，错误计数变量增 1，同时输出密码指示信号，若错误次数超过 3，则输出报警等信号，同时启动定时器实现 15 秒的计时。输出信号的控制主要根据按键输入与密码的核对情况来决定。

整体程序设计思想：程序分为主程序和中断服务程序两个主要部分，主程序完成变量和单片机特殊功能寄存器的初始化后，进入一个循环结构。在循环中，首先判断有无按键按下，若有按键则判断是数字键还是功能键，根据按键的情况执行相应的功能。然后根据密码是否正确的判断情况，执行相应的操作。循环中最后将需要显示的内容通过动态扫描在数码管上显示。

中断服务程序要实现三个状态的计时：待机时需要计时 5 秒、密码正确需要计时 5 秒、密码 3 次输入错误需要计时 15 秒。当前处于何种计时，由主程序根据密码判断结果来决定。

(2) 选择单片机型号和所需外围器件型号，设计单片机硬件电路原理图。

采用 MCS51 系列单片机 AT89S51 作为主控制器，外围电路器件包括数码管驱动、蜂鸣器的输出驱动、独立式键盘以及发光二极管的输出等。数码管驱动采用两个四联共阴极数码管显示，由于单片机驱动能力有限，采用 74HC244 作为数码管的驱动。在 74HC244 的七段码输出线上串联 100Ω 电阻起限流作用。蜂鸣器的驱动采用 PNP 三极管 8550 来驱动，低电平有效。独立式按键使用上提拉电路连接，在没有键按下时，输出高电平。发光二极管串联 500Ω 电阻再接到电源上，当输入为低电平时，发光二极管导通发光。硬件电路原理图如图 25-1 所示。

(3) 析软件任务要求，写出程序设计思路，分配单片机内部资源，画出程序流程图。

软件任务要求主要包括按键扫描、密码判断、动态扫描输入的内容、计时、指示信号输出及蜂鸣器提示音的输出等。主程序主要完成变量与寄存器的初始化、按键的扫描与判断、密码的判断及数码管动态扫描显示等。主程序流程图如图 25-2 所示。

中断服务程序主要完成三种定时的计时工作。①按键之后启动的待机计时，当待机超过 5 秒则清除已输入的内容。②密码输入正确之后的计时，4 秒之后清除开锁驱动信号与已开锁指示信号。③密码输入错误 3 次的计时，计时 15 秒，在则 15 秒内无法再次输入密码，15 秒过后清除所有报警与指示。中断服务程序流程图如图 25-3 所示。

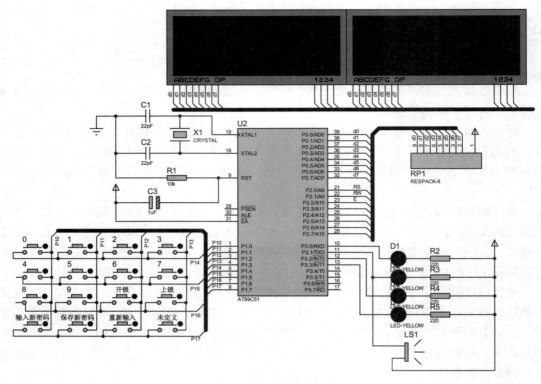

图 25-1　密码锁仿真电路图

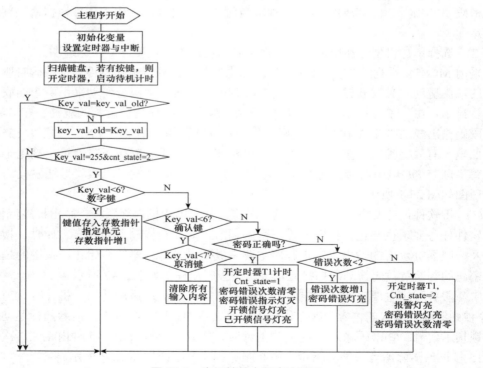

图 25-2　密码锁的主程序流程图

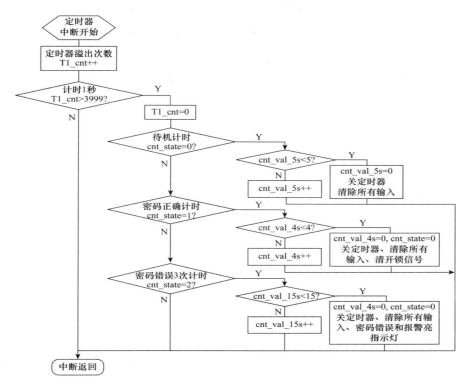

图 25-3　密码锁中断服务程序流程图

密码的输入与判断需要定义 4 个变量。原始密码存储在数组 init_val[6]中。键盘输入的密码存储在数据 show_val[6]中，变量 key_index 的值表示当前按键是六位密码中的哪一位，每输入一个密码数字该变量加 1。密码输入错误的次数暂存在变量 error_num 中。

计时功能需要 5 个变量。模式变量 cnt_state 存储计时属于什么状态，0 表示待机计时，1 表示密码正确的计时，2 表示密码错误 3 次的计时。三个变量(cnt_val_15s,cnt_val_5s, cnt_val_4s)分别实现待机、密码正确和密码错误 3 次后的计时工作。定时器 T1 每 250ms 产生一次中断，变量 T1_cnt 记录定时器溢出中断的次数，当记录到 4000 时表示计时 1 秒。

4. 设计系统软件调试方案、硬件调试方案及软硬件联合调试方案

软件调试方案：伟福软件中，在"文件\新建文件"中，新建 C 语言源程序文件，编写相应的程序。在"文件\新建项目"的菜单中，新建项目并将 C 语言源程序文件包括在项目文件中。在"项目\编译"菜单中将 C 源文件编译，检查语法错误及逻辑错误。在编译成功后，产生".hex"后缀的目标文件。

硬件调试方案：在设计平台中，将单片机的 P1.0～P1.7 分别与 8 个独立式键盘通过插线连接起来，将 P3.0～P3.3 分别与 4 个发光二极管连接起来，P3.4 与蜂鸣器的输入连接起来。在伟福软件中将程序文件编译成目标文件后，将下载线安装在实验平台的下载线接口上，运行"MCU 下载程序"，选择相应的 Flash 数据文件，单击"编程"按钮，将程序文件下载到单片机的 Flash 中。然后，上电重新启动单片机，检查所编写的程序是否达到题目的要求，是否全面完整地完成案例的内容。

四、程序设计

/*本案例按键及显示说明：b 为开始键，a 为确定键，c 为修改键，p 显示为可以输入密码，open 显示为输入密码正确，e 显示为可输入修改密码，ok 显示修改密码成功，lock 显示为输入密码错误*/

参考源程序的代码如下：

```c
#include <reg52.h>
#define uchar unsigned char
#define uint unsigned int
sbit P3_1=P3^1;                 //密码错误报警状态为//
sbit P3_0=P3^0;                 //锁闭状态位//
sbit P3_2=P3^2;                 //开锁状态位//
sbit P3_3=P3^3;                 //修改密码状态位//
uchar v;
uchar dis_code[]={0x58,0x58,0x58,0x58,
0x58,0x58,0x58,0x58};           //初始密码 88888888
uchar code mm[]=
  {0x50,0x51,0x52,0x53,0x54,0x55,0x56,0x57,0x58,0x59};//0-9
/////////************* 显示代码数组 *************/////////
uchar code table1[]={0xC0,0xF9,0xA4,0xB0,0x99 ,0x92,0x82,
0xF8,0x80,0x90,0x0c,0xff,0xa1,0x86 ,0xc6,0xbf,0x8e,0x8d,0xc8,0x8c,0x84,0x8f,0xc7,0xce,0x88};
//共阳代码表格,分别对应：0,1,2,3,4,5,6,7,8,9,P.,灭,d,E,c,-,F,n,Y,P,e,K,L//
uchar led[8]={2,0,9,0,3,15,2,2};
uchar ledp[8]={10,11,11,11,11,11,11,11} ;   //p 点显示
uchar ledopen[8]={0,19,20,18,11,11,11,11};  //open 显示
uchar ledlock[8]={22,0,14,21,11,11,11,11};  //lock 显示
uchar ledok[8]={0,21,11,11,11,11,11,11};    //ok 显示
uchar ledenter[8]={20,18,23,20,24,11,11,11}; //enter 显示
uchar table[8];
uchar n=0,i,x;
//延时子程序
void delay(uint ms)
{
    uchar z;
    while(ms--)
    {
        for(z=0;z<120;z++);
    }
}
//////******延时程序**//////
void dey ()
{
    uchar i;
    for(i=121;i!=0;i-- )   {}
}
void display()
{
    uchar p , q ,m=7,c,wei=0xfe,ws=8;       //显示程序 //
```

```c
        while(ws)
        {
            c=led[m];           //显示学号//
            ws--;
            P2= wei ;
            P0=table1[c];
            dey ();
            p=wei<<1;
            q=wei>>7;
            wei=p|q;
            m--;
        }
}
//******键处理*****//
uchar keychuli()
{
    P1=0xf0;            //发全列 0 扫描码
    P1=P1&0xf0;         //若有键按下
    return (P1);
}
//*****键扫子程序****///
uchar key()
{
    uchar scan,tmp,chizhi;      //列，行
    chizhi=keychuli();
    if(chizhi!=0xf0)
    {
        delay(5);                       // 延时去抖
        chizhi=keychuli();              //延时再判键是否还按下
        if(chizhi!=0xf0)
        {
            scan=0xfe;
            while((scan&0x10)!=0)       //逐列扫描
            {
                P1=scan;                //输出列扫描码
                if((P1&0xf0)!=0xf0)     //本列有键按下
                {
                    tmp=(P1&0xf0)|0x0f;
                    return ((~scan)|(~tmp));
                }//还回键值
                else scan=(scan<<1)|0x01;   //列扫描码左移一位
            }
        }
    }
    return (0);
    } //无键按下,还回 0
}
void delay1(uint m)
{
    while(m--);
}
//****输入密码函数******//
```

```c
void srmm()
{
    while(1)
    {
        v=key();
        if(v==0x11||v==0x12||v==0x14||v==0x21||v==0x22||v==0x24||
           v==0x41||v==0x42||v==0x81 ||v==0x82)
        {
           delay(200);
           switch(v)
           {
               case 0x11:table[n]=mm[0];break;//显示一杠
               case 0x21:table[n]=mm[1];break;
               case 0x41:table[n]=mm[2];break;
               case 0x81:table[n]=mm[3];break;
               case 0x12:table[n]=mm[4];break;
               case 0x22:table[n]=mm[5];break;
               case 0x42:table[n]=mm[6];break;
               case 0x82:table[n]=mm[7];break;
               case 0x14:table[n]=mm[8];break;
               case 0x24:table[n]=mm[9];break;
               default:break;
           }
           x=led[n]=15;display();delay(100);
               n++;
        if(n==8)
        {n=0;break;}
        }
    }
}
//********密码处理函数****//
void mmchuli()
{
    if(table[0]==dis_code[0]&&table[1]==dis_code[1]&&table[2]==dis_code[2]&&
    table[3]==dis_code[3]&&table[4]==dis_code[4]&&table[5]==dis_code[5]&&
    table[6]==dis_code[6]&&table[7]==dis_code[7])
    {
        for(i=0;i<8;i++)
        led[i]=ledopen[i];
        P3_2=0;
        P3_0=1;
        xianshi:display();   //显示open,代表密码输入正确
        v=key();
        if( v!=0x18)
            goto xianshi;         //修改密码键c
        led[0]=13;
        P3_3=0;
        display();            //显示e
        delay(500);
        while(1)
        {
            v=key();
            if(v==0x11||v==0x12||v==0x14||v==0x21||v==0x22||v==0x24||
               v==0x41||v==0x42||v==0x81 ||v==0x82)
            {
```

```c
                delay(200);
                switch(v)
                {
                    case 0x11:table[n]=mm[0];dis_code[n]=table[n];break;//显示一杠
                    case 0x21:table[n]=mm[1];dis_code[n]=table[n];break;
                    case 0x41:table[n]=mm[2];dis_code[n]=table[n];break;
                    case 0x81:table[n]=mm[3];dis_code[n]=table[n];break;
                    case 0x12:table[n]=mm[4];dis_code[n]=table[n];break;
                    case 0x22:table[n]=mm[5];dis_code[n]=table[n];break;
                    case 0x42:table[n]=mm[6];dis_code[n]=table[n];break;
                    case 0x82:table[n]=mm[7];dis_code[n]=table[n];break;
                    case 0x14:table[n]=mm[8];dis_code[n]=table[n];break;
                    case 0x24:table[n]=mm[9];dis_code[n]=table[n];break;
                }
                led[n]=15;display(); delay(100);
                n++;
                if(n==8)
                {
                n=0;break;
                }
            }
        }
        do{v=key();
        }
        while(v!=0x44);     //确定
        for(i=0;i<8;i++)
        led[i]=ledp[i];
        for(i=0;i<8;i++)
        led[i]=ledok[i];
        P3_3=1;
        P3_2=1;
        display();          //修改成功,显示ok
        delay(120);
    }
    else
    { P3_1=0;   delay(1000);    P3_2=1;
            for(i=0;i<8;i++)
            led[i]=ledlock[i];
            display();          //显示lock,代表输入错误
            delay(150);
    }
}
//**************监控程序*********//
void main()
{
    while(1)
    {
        xuehao: display();
        v=key();
        if( v!=0x84)        //等待按开始键,b为开始,键码为84H
        goto xuehao;
        for(i=0;i<8;i++)
        led[i]=ledp[i];
        P3_0=0;
        display( );         //显示P点
        srmm();
        do{v=key();}
```

```
        while(v!=0x44);   //等待确定,a 为确定,键码为 44H
        mmchuli();
    }
}
```

实验二十六 定时报警器制作实验

一、设计要求

设计一个单片机控制的简易定时报警器。要求根据设定的初始值(1~59 秒)进行倒计时,当计时到 0 时数码管闪烁"00"(以 1Hz 闪烁),按键功能如下。

设定键:在倒计时模式时,按下此键后停止倒计时,进入设置状态;如果已经处于设置状态则此键无效。

增一键:在设置状态时,每按一次此键,初始值的数字增 1。

减一键:在设置状态时,每按一次此键,初始值的数字减 1。

确认键:在设置状态时,按下此键后,单片机按照新的初始值进行倒计时及显示倒计时的数字。如果已经处于计时状态则此键无效。

二、设计思路

1. 任务分析与整体设计思路

根据题目的要求,需要实现如下几个方面的功能。

(1) 计时功能:要实现计时功能则需要使用定时器来计时,通过设置定时器的初始值来控制溢出中断的时间间隔,再利用一个变量记录定时器溢出的次数,达到定时 1 秒钟的功能。然后,当计时每到 1 秒钟后,倒计时的计数器减 1。当倒计时计数器到 0 时,触发另一个标志变量,进入闪烁状态。

(2) 显示功能:显示倒计时的数字要采用动态扫描的方式将数字拆成"十位"和"个位"动态扫描显示。如果处于闪烁状态,则可以不需要动态扫描显示,只需要控制共阴极数码管的位控线,实现数码管的灭和亮。

(3) 键盘扫描和运行模式的切换:主程序在初始化一些变量和寄存器之后,需要不断循环地读取键盘的状态和动态扫描数码管显示相应的数字。根据键盘的按键值实现设置状态、计时状态的切换。

2. 单片机型号及所需外围器件型号,单片机硬件电路原理图

选用 MCS-51 系列 AT89S51 单片机作为微控制器,选择两个四联的共阴极数码管组成 8 位显示模块,由于 AT89S51 单片机驱动能力有限,采用两片 74HC244 实现总线的驱动,一个 74HC244 完成位控线的控制和驱动,另一个 74HC244 完成数码管的七段码输出,在输出口上各串联一个 100Ω的电阻对 7 段数码管限流。

由于键盘数量不多,选择独立式按键与 P1 口连接作为四个按键输入。没有键按下时 P1.0~P1.3 为高电平,当有键按下时,P1.0~P1.3 相应管脚为低电平。电路原理图如图 26-1 所示。

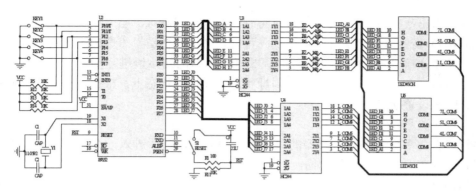

图 26-1 定时报警器电路原理图

3. 程序设计思路，单片机资源分配以及程序流程

1) 单片机资源分配

采用单片机的 P3 口作为按键的输入，使用独立式按键与 P3.0～P3.3 连接，构成四个功能按键。在计时功能中，需要三个变量分别暂存定时器溢出的次数(T1_cnt)、倒计时的初始值(init_val)以及当前倒计时的秒数(cnt_val)。

按键扫描功能中，需要两个变量，一个变量(key_val_new)用来存储当前扫描的键值(若无按键按下则为 255)，另一个变量(key_val_old)用来存储上一次扫描的键值。只有这两个变量值不一样时，才能说明是一次新的按键按下或弹起了，同时将新的键值赋给 key_val_old 变量。

在显示功能中，需要定义一组数组(code 类型)，值为 0～9 数字对应的数码管七段码。还需要定义一个变量(show_val)暂存要显示的数据，用于动态扫描显示中。

在整个程序中，定义了一个状态变量(state_val)用来存储当前单片机工作在哪种状态。

2) 程序设计思路

鉴于题目要求，存在三种工作模式：初始值设置模式、倒计时模式和计时到 0 时的闪烁模式。变量 state_val 为 0 时，处于倒计时模式。变量 state_val 为 1 时，处于初始值设置模式。变量 state_val 为 2 时，处于闪烁模式。这些状态的切换取决于按下哪一个键以及是否计时到 0。状态的切换如图 26-2 所示。

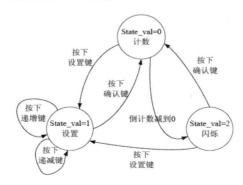

图 26-2 状态的切换

单片机复位之后，默认处于倒计时模式，启动定时器，定时器每隔 250μs 溢出一次，

根据定时器溢出次数来计时，到 1 秒时将时间的计数器减 1。当"设置键"按下时，变量 state_val 由 0 变为 1，切换到设置模式。可以使用"递增键""递减键"对计时初始值进行修改。按下"确认键"时，回到计时模式开始以新的初始值进行倒计时。当倒计时到 0 时，变量 state_val 由 1 变为 2，处于闪烁状态，在这种状态下，根据按键的情况分别又切换为到计时和设置状态。

3) 程序流程

主程序首先需要初始化定时器的参数和一些变量，然后进入一个循环结构，在循环中始终只做两件事：一是键盘的扫描；二是数码管的动态扫描。

在扫描键盘后，判断前一次按键的结果是否与本次键值相同。如果不同，表示有键按下或弹起，同时用本次按键值更新上一次的按键值。这样设计旨在避免一个按键长时间按下时被重复判为有新键按下，使得当前按下的键只有松开后，下一次按下时才算为一次新的按键。根据按键的值分别改变变量(state_val)的值或者在设置状态时的倒计时初始值。完整的主程序图如图 26-3 所示。

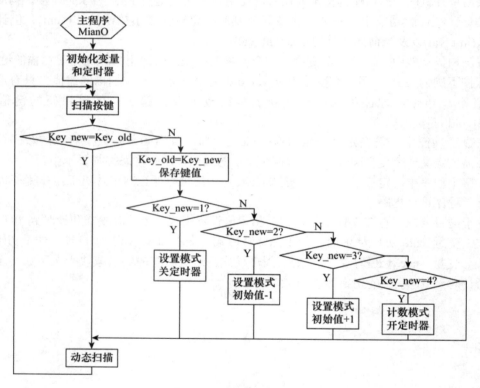

图 26-3　主程序的流程图

在定时器的参数中，选择定时器 T1 的 8 位自动装载模式，每 $250\mu s$ 产生一次溢出中断，中断服务程序如图 26-4 所示。

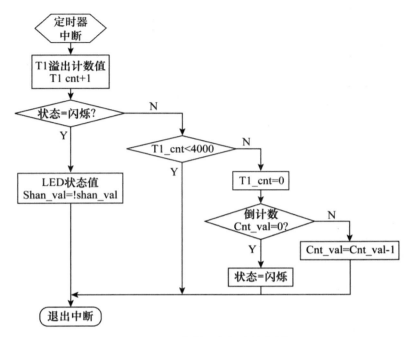

图 26-4 中断服务程序流程图

4. 软硬件调试方案

软件调试方案：伟福软件中，在"文件\新建文件"中，新建 C 语言源程序文件，编写相应的程序。在"文件\新建项目"的菜单中，新建项目并将 C 语言源程序文件包括在项目文件中。在"项目\编译"菜单中将 C 源文件编译，检查语法错误及逻辑错误。在编译成功后，产生以".hex"为后缀的目标文件。

硬件调试方案：在设计平台中，将单片机的 P3.0～P3.3 分别与独立式键盘的相应位通过插线连接起来。将程序文件编译成目标文件后，运行 MCU 下载程序，选择相应的 Flash 数据文件，单击"编程"按钮，将程序文件下载到单片机的 Flash 中。然后，上电重新启动单片机，检查所编写的程序是否达到题目的要求，是否全面完整地完成案例的内容。

三、程序设计

参考源程序的代码如下：

```
//晶振：11.0592M T1-250 微秒按键 P10 P11 P12 P13
/*变量的定义：
show_val：显示的值 0-59
init_val：初始值
state_val：状态值 0-计数状态;1-设置状态;2-闪烁状态
shan_val：
key_val1：四个按键的值 255-无键;1-设置键；2-增一键；3-减一键；4-确定键
T1_cnt：定时器计数溢出数
cnt_val：倒计时的数值
led_seg_code：数码管 7 段码*/
```

```c
#include <reg51.h>              //包含文件
sbit P1_0=P1^0;                 //设置键
sbit P1_1=P1^1;                 //增一键
sbit P1_2=P1^2;                 //减一键
sbit P1_3=P1^3;                 //确定键
unsigned char data shan_val;    //闪烁时 LED 的开/关状态
unsigned char data cnt_val;     //保存倒计数的当前值
unsigned int data T1_cnt;       //保存定时器溢出次数
unsigned char data key_val_new,key_val_old;
//存放当前扫描的键和前一次按下的键值
unsigned char data state_val;   //状态值
unsigned char data show_val;    //存放需要在数码管显示的数字
unsigned char data init_val;    //暂存倒计数的初始值
char code led_seg_code[10]={0x3f,0x06,0x05b,0x04f,0x66,0x6d,0x7d,0x07,0x7f,0x6f};
//----------延时---------------
void delay(unsigned int i) //大约延时 i*2 个微秒
{ while(--i);}
//-----------按键扫描-------------
unsigned char scan_key()
{
    unsigned char i;
    i=P1&0x0f;
    delay(100); //延时，去抖动
    if (i==(P1&0x0f))
    {
        if (P1_0==0)
        { i=1; }
        else
        {
            if (P1_1==0)
            {i=2;}
            else
            {
                if (P1_2==0)
                { i=3;}
                else
                {
                    if (P1_3==0)
                    { i=4;} }
                }
            }
        }
    }
    else
    { i=255; }
    return i;
}
//---------数码管显示---------------
void led_show(unsigned int v)
{
    unsigned char i;
```

```
        if (state_val!=2)            //动态扫描
        {
            i=v%10;                  //取要显示的数的个位
            P0=led_seg_code[i];      //转换为 7 段码
            P2=0xfe;                 //显示个位
            delay(15);               //延时
            i=v%100/10;              //取十位
            P0=led_seg_code[i];      //转换为 7 段码
            P2=0xfd;                 //显示十位
            delay(5);                //延时
        }
        else
        {
            P0=led_seg_code[0];      //处于闪烁状态
            if (shan_val)
            { P2=0xff; }             //将数码管的关闭
            else
            { P2=0xfc; }             //将数码管的打开
        }
}
//----------定时器 T1 中断服务程序----------------
void timer1() interrupt 3 //T1 中断，250us 中断一次
{
    T1_cnt++;
    switch (state_val)
    {
        case 0:
        if(T1_cnt>3999)              //如果计数>3999，计时 1s
        {
            T1_cnt=0;
            if(cnt_val!=0)
            { cnt_val--;}
            else
            {state_val=2;}           //定时计数到 0 时，切换状态
            show_val=cnt_val;
        }
        break;
        case 2:
        if(T1_cnt>1999)              //如果计数>1999，计时 0.5s
        { T1_cnt=0; shan_val=!shan_val; } //闪烁状态
        break;
    }
}
//---------主程序----------------
main()
{
init_val=59; //初始化各变量
cnt_val=init_val;
show_val=cnt_val;
state_val=0;
key_val_old=255;
T1_cnt=0;
```

```c
    shan_val=0;          //初始化 51 的寄存器
    TMOD=0x20;           //用 T1 计时 8 位自动装载定时模式
    TH1=0x19;            //250 微秒溢出一次；250=(256-x)*12/11.0592 -> x= 230.4
    TL1=0x19;
    EA=1;                //打开总中断允许
    ET1=1;               //开中断允许
    TR1=1;               //开定时器 T1
    while(1)
    {
        key_val_new=scan_key();  // 255 表示无键按下
        if (key_val_new!=key_val_old)
        {
            // 只有当前扫描的键值与上次扫描的不同，才判断是有键按下
            key_val_old=key_val_new;
            switch (key_val_new)
            {
                case 1:              //设置键
                    state_val=1;     //处于设置状态
                    TR1=1;           //停止计时
                    show_val=init_val;   //显示原来的倒计数初始值
                    break;
                case 2: if(state_val==1)    //只有在设置状态，增 1 键才有用
                {
                    if (init_val>0)         //更改原来的倒计数初始值
                    {init_val--; }
                    else
                    {init_val=59;}
                    show_val=init_val;      //显示更改后的倒计数初始值
                }
                break;
                case 3: if(state_val==1)    //只有在设置状态，减 1 键才有用
                {
                    if (init_val<59)        //更改原来的倒计数初始值
                    {init_val++; }
                    else
                    {init_val=0;}
                    show_val=init_val;      //显示更改后的计数初始值
                }
                break;
                    case 4: if(state_val!=0) //如果已处于计数模式，确认键不起作用
                    {
                        cnt_val=init_val;    //将初始值赋给计数变量
                        show_val=cnt_val;    //将计数变量的数字显示
                        TR1=1;               //启动定时器 T1
                        state_val=0;         //将状态切换为计数模式
                    }
                    break;
            }
        }
        led_show(show_val);                  //动态扫描
    }
```

实验二十七　模拟交通灯制作实验

一、设计目的

设计一个基于单片机的交通灯信号控制器。已知东、西、南、北四个方向各有红黄绿色三个灯，在东西方向有两个数码管，在南北方向也有两个数码管。要求交通灯按照表27-1 进行显示和定时切换，并要求在数码管上分别倒计时显示东西、南北方向各状态的剩余时间。

表 27-1　交通灯的状态切换表

南北方向		东西方向	
序号	状态	序号	状态
1	绿灯亮 25 秒，红、黄灯灭	1	红灯亮 30 秒，绿、黄灯灭
2	黄灯亮 5 秒，红、绿灯灭	2	绿灯亮 25 秒，红、黄灯灭
3	红灯亮 30 秒，绿、黄灯灭	3	黄灯亮 25 秒，红、绿灯灭
回到状态 1		回到状态 1	

二、设计思路

1. 任务分析与整体设计思路

案例要求实现的功能主要包括计时功能、动态扫描，以及状态的切换等几部分。

计时功能：要实现计时功能则需要使用定时器来计时，通过设置定时器的初始值来控制溢出中断的时间间隔，再利用一个变量记录定时器溢出的次数，达到定时 1 秒钟的功能。当计时每到 1 秒钟后，东西、南北信号灯各状态的暂存剩余时间的变量减 1。当暂存剩余时间的变量减到 0 时，切换到下一个状态，同时将下一个状态的初始的倒计时值装载到计时变量中。开始下一个状态，如此循环重复执行。

动态扫描：需要使用 4 个数码管分别显示东西、南北的倒计时数字，将暂存各状态剩余时间的数字从变量中提取出"十位"和"个位"，用动态扫描的方式在数码管中显示。整个程序依据定时器的溢出数来计时，每计时 1 秒则相应状态的剩余时间减 1，一直减到 0 时触发下一个状态的开始。

2. 单片机型号及所需外围器件型号，单片机硬件电路原理图

选用 MCS51 系列 AT89S51 单片机作为微控制器，选择两个四联的共阴极数码管组成 8 位显示模块，由于 AT89S51 单片机驱动能力有限，采用两片 74HC244 实现总线的驱动，一个 74HC244 完成共阴极数码管位控线的控制和驱动，另一个 74HC244 完成数码管的 7 段码输出，在 7 段码输出口上各串联一个 100Ω的电阻对 7 段数码管限流。用 P3 口的 P3.0～P3.5 完成发光二极管的控制，实现交通灯信号的显示，每个发光二极管串联 500Ω电

实验二十七　模拟交通灯制作实验

阻起限流作用。硬件电路原理图如图 27-1 所示。

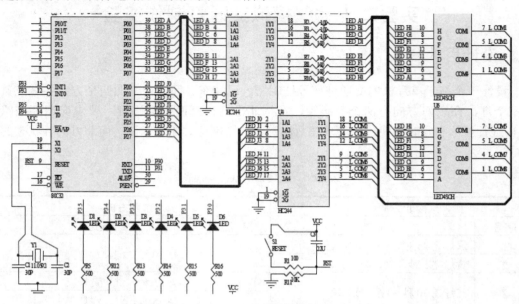

图 27-1　实验二十七的交通灯硬件电路原理图

3. 程序设计思路，单片机资源分配以及程序流程

1) 单片机资源分配

单片机 P3 口的 P3.0～P3.1 引脚用作输出，控制发光二极管的显示。在计时模块中，需要定义两个数组变量(init_sn[3]，init_ew[3])来存储东西、南北两个方向在不同状态中倒计时的初始值，题目中每个方向的交通灯共有 3 种显示状态，因此数组元素个数为 3。还需要定义两个变量(cnt_sn, cnt_ ew)暂存东西、南北两个方向的倒计时剩余时间。

在状态的切换中，为了明确当前处于哪种状态，东西、南北方向各设置一个状态变量(state_val_sn, state_val_ew)，当倒计时的剩余时间到零时，状态变量增 1，表示启动下一个状态，当该变量增到 3 时变为 0，回到序号为 1 的状态。

2) 程序设计思路

在设计中，由于没有键盘功能，因此只涉及定时计数和动态扫描功能。主程序将变量初始化之后，设置单片机定时器和中断特殊功能寄存器的初始值，将定时器 T1 的工作方式设置为 8 位自动装载模式，定时器每隔 250μs 产生一次溢出。

在初始化变量与寄存器后，主程序进入一个循环结构，在循环中只做动态扫描的工作，根据东西、南北两向的剩余时间进行动态扫描显示。

计时以及状态的切换通过定时器的中断服务程序来实现，在中断服务程序中，每计时到一秒时，则各方向当前状态的剩余时间减 1，一直减到 0 时触发下一个状态的开始，改变交通灯的指示。

程序流程图如图 27-2 所示。

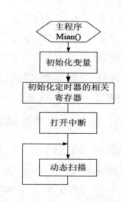

图 27-2　实验二十七的交通灯主程序流程图

4. 软硬件调试方案

软件调试方案：伟福软件中，在"文件\新建文件"中，新建 C 语言源程序文件，编写相应的程序。在"文件\新建项目"的菜单中，新建项目并将 C 语言源程序文件包括在项目文件中。在"项目\编译"菜单中将 C 源文件编译，检查语法错误及逻辑错误。在编译成功后，产生以".hex"为后缀的目标文件。

硬件调试方案：在设计平台中，将单片机的 P3.0～P3.5 分别与独立式键盘的相应位通过插线连接起来。将程序文件编译成目标文件后，运行"MCU 下载程序"，选择相应的 Flash 数据文件，点击"编程"按钮，将程序文件下载到单片机的 Flash 中。

然后，上电重新启动单片机，检查所编写的程序是否达到题目的要求，是否全面完整地完成案例的内容。

三、程序设计

参考源程序的代码如下：

```c
//晶振：11.0592M T1-250 微秒溢出一次
/*变量的定义：
show_val_sn,show_val_ew：显示的值 0-59
state_val_sn,state_val_ew：状态值南北方向 0-绿灯亮;1-黄灯亮;2-红灯亮
T1_cnt：定时器计数溢出数
cnt_sn,cnt_ew：倒计时的数值
init_sn[3],init_ew[3] 倒计时
led_seg_code：数码管七段码*/
#include <reg51.h>
sbit SN_green=P3^2 ;      //南北方向绿灯
sbit SN_yellow=P3^1 ;     //南北方向黄灯
sbit SN_red=P3^0 ;        //南北方向红灯
sbit EW_green=P3^5 ;      //东西方向绿灯
sbit EW_yellow=P3^4 ;     //东西方向黄灯
sbit EW_red=P3^3 ;        //东西方向红灯
unsigned char data cnt_sn,cnt_ew;
unsigned int data T1_cnt;
unsigned char data state_val_sn,state_val_ew;
char code led_seg_code[10]=
{0x3f,0x06,0x05b,0x04f,0x66,0x6d,0x7d,0x07,0x7f,0x6f};
char code init_sn[3]={24,4,29};
char code init_ew[3]={29,24,4};
void delay(unsigned int i)//延时
{
    while(--i);
}
void led_show(unsigned int u,unsigned int v)
{
    unsigned char i;
    i=u%10;              //暂存个位
    P0=led_seg_code[i];
    P2=0xbf;
    delay(100);          //延时
```

```c
        i=u%100/10;       //暂存十位
        P0=led_seg_code[i];
        P2=0x7f;
        delay(100);       //延时
        i=v%10;           //暂存个位
        P0=led_seg_code[i];
        P2=0xfe;
        delay(100);       //延时
        i=v%100/10;       //暂存十位
        P0=led_seg_code[i];
        P2=0xfd;
        delay(100);       //延时
}
void timer1() interrupt 3 //T1 中断
{
    T1_cnt++;
    if(T1_cnt>3999) //如果计数>3999, 计时 1s
    {
    T1_cnt=0;
    if (cnt_sn!=0)   //南北方向计时
    {cnt_sn--; }
    else
    { state_val_sn++;
        if (state_val_sn>2) state_val_sn=0;
        cnt_sn=init_sn[state_val_sn];
        switch (state_val_sn)       //根据状态值，刷新各信号灯的状态
        {
            case 0: SN_green=0 ;    //南北方向绿灯
            SN_yellow=1 ;           //南北方向黄灯
            SN_red=1 ;              //南北方向红灯
            break;
            case 1: SN_green=1 ;    //南北方向绿灯
        SN_yellow=0 ;               //南北方向黄灯
            SN_red=1 ;              //南北方向红灯
            break;
            case 2:SN_green=1 ;     //南北方向绿灯
            SN_yellow=1 ;           //南北方向黄灯
            SN_red=0 ;              //南北方向红灯
            break;
        }
    }

    if (cnt_ew!=0)  //东西方向计时
    { cnt_ew--; }
        else
            {
                state_val_ew++;
                if (state_val_ew>2) state_val_ew=0;
                cnt_ew=init_ew[state_val_ew];
                switch (state_val_ew)    //根据状态值，刷新各信号灯的状态
                {
                    case 0: EW_green=1; //东西方向绿灯
                    EW_yellow=1;         //东西方向黄灯
```

```c
                    EW_red=0 ;              //东西方向红灯
                    break;
            case 1:  EW_green=0 ;           //东西方向绿灯
                    EW_yellow=1 ;           //东西方向黄灯
                    EW_red=1 ;              //东西方向红灯
                    break;
            case 2:  EW_green=1 ;           //东西方向绿灯
                    EW_yellow=0 ;           //东西方向黄灯
                    EW_red=1 ;              //东西方向红灯
                    break;
            }
        }
    }
}
main()
{
    //初始化各变量
    cnt_sn=init_sn[0];
    cnt_ew=init_ew[0];
    T1_cnt=0;
    state_val_sn=0;          //启动后，默认工作在序号为1 的状态
    state_val_ew=0;
    //初始化各灯的状态
    SN_green=0 ;             //南北方向绿灯亮
    SN_yellow=1 ;            //南北方向黄灯灭
    SN_red=1 ;               //南北方向红灯灭
    EW_green=1 ;             //东西方向绿灯灭
    EW_yellow=1;             //东西方向黄灯灭
    EW_red=0 ;               //东西方向红灯亮
    //初始化51 的寄存器
    TMOD=0x20;               //用T1 计时8 位自动装载定时模式
    TH1=0x19;                //0x4b;
    //500 微秒溢出一次; 250=(256-x)*12/11.0592 -> x= 230.4
    TL1=0x19;
    EA=1;                    //开中断
    ET1=1;
    TR1=1;                   //开定时器T1
    while(1)
    { led_show(cnt_sn,cnt_ew);
    }
}
//主程序结束
```

第三部分

课程设计部分

实验二十八　超声波测距报警装置设计

一、设计目的

(1) 掌握单片机定时器/计数器的模式、初值等设计方法。
(2) 掌握单片机中断系统结构、中断服务程序、串口通信的设计方法。
(3) 掌握单片机人机交互接口的设计方法，包括按键、显示、超声波等外设电路的设计方法。
(4) 熟悉模块化程序设计方法，以及单片机应用系统的设计思路和设计方法。
(5) 具备单片机系统硬件电路设计、软件程序综合调试能力。
(6) 培养思考、分析和解决问题的能力。

二、设计原始资料或素材

(1) 0.36 或 0.56 四位数码管。
(2) DC 电源插口图。
(3) 各种电阻、贴片、可调电阻焊接方法图。
(4) 供电方式图。
(5) 轻触按键资料。
(6) 三极管资料。
(7) 上拉排阻资料。
(8) 自锁开关资料。

实验二十八
超声波测距报警
装置设计

三、设计内容

本设计以 C51 为主控芯片的单片机超声波测距，其硬件部分由单片机主控器电路、测距模块电路、按键电路、显示电路、报警电路组成，软件部分由程序主函数、初始化程序、显示程序、距离计算程序、按键子程序组成，能实现准确测量距离，精度达到 0.1cm，误差小于 0.1cm。

主要任务：
(1) 论述课题的背景及意义。
(2) 设计方案的选择和方案说明。
(3) 设计并绘制电路原理图。
(4) 根据设计方案制作设计作品。
(5) 调试电路并进行必要的修改。
(6) 撰写报告。

四、设计要求

(1) 以题目为中心，收集相关专业资料。
(2) 该设计采用 C51 芯片实现距离信息的计算和显示功能，超声波模块测距，测距范围 0.01～4m，精度 0.1cm。

(3) 设计应具有数码管准确显示距离，数码管显示当前的距离，小于一定距离可以蜂鸣器报警；距离不变化时(±1cm)，只播报一次，避免太吵等功能。

(4) 依据需求可扩展实现按键设置报警值功能，按键可以设置报警距离，当距离小于报警距离时，蜂鸣器和 LED 声光报警，语音和喇叭组成语音播报系统。

(5) 运用 C 语言实现软件相关功能。

(6) 焊接并完成作品调试。

五、设计步骤要点

超声波在空气中的传播速度为已知，测量声波在发射后遇到障碍物反射回来的时间，根据发射和接收的时间差，通过单片机处理计算，最终得出发射点到障碍物的实际距离，达到设计目标。

本次设计内容主要包含 4 个模块。

(1) 超声波传感器工作原理介绍：超声波测距模块的性能特点、管脚排列、电气参数、超声波时序图。

(2) 超声波测距与显示系统硬件电路设计：发布任务要求，明确实验中要完成的功能指标，根据设计系统的功能，学生选择合适的元器件，在 Proteus 软件中进行硬件电路的搭建。

(3) 超声波测距与显示系统软件设计：通过模块化编程，完成传感器初始化、按键、数码管扫描、距离计算、定时器、中断设置、报警显示等模块的程序设计。

(4) 超声波测距与显示系统的综合调试：对模块化编程的各个程序进行汇总，完成综合的调试。

超声波测距是一种传统而实用的非接触测量方法，与激光、涡流和无线电测距方法相比，具有不受外界光及电磁场等因素的影响的优点，在比较恶劣的环境中也具有一定的适应能力，且结构简单，成本低，因此在工业控制、建筑测量、机器人定位方面得到了广泛的应用。由于超声波指向性强，能量消耗缓慢，在介质中传播的距离较远，因而超声波经常用于距离的测量。利用超声波检测距离，设计比较方便，计算处理也较简单，并且在测量精度方面也能达到农业生产等自动化的使用要求。

主要硬件结构如图 28-1 所示。

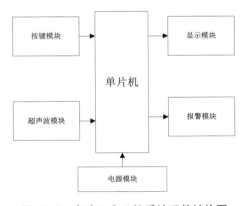

图 28-1　实验二十八的系统硬件结构图

参考硬件原理图如图 28-2 所示。

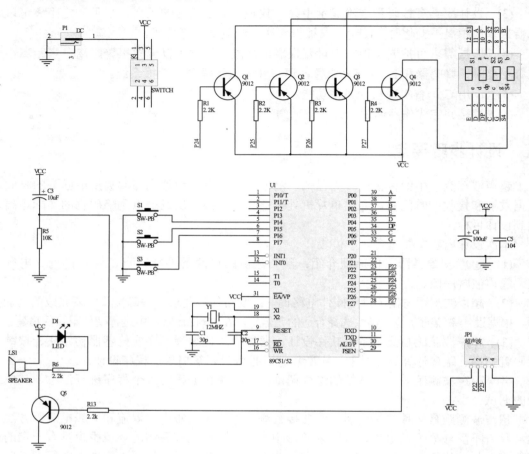

图 28-2　实验二十八的参考硬件原理图

六、主要技术的关键性分析或重要提示

1. 实现方案论证

为实现上述需求，有哪些方案可以选择，从硬件、软件资源获得，成本高低，开发难度，易维护性等方面进行简单比较。

2. 硬件电路搭建

根据超声波测距过程，计算振荡周期和占空比，分析电路设计的合理性和科学性。

3. 软件设计

矩阵式按键、键盘编程扫描识别按键和按键去抖的设计；4 位数码管位选、段选，以及小数点显示的设计。

4. 数据处理分析

分析自己距离计算值与理论值之间的差别，从而找到正确的计算方法，巩固理论知识，分析理论值和实验值的不同，找到产生误差的原因，以及减小误差的方法。

5. 实验结果总结

简述实验过程中学到了理论知识、程序编写能力，以及自己需要改进的地方。

七、所需仪器设备

硬件环境：学生自带笔记本电脑、普中科技开发板或耗材。

软件工具：Keil 编程软件、Proteus 仿真软件、开发板 USB 转串口 CH340 驱动软件、烧写软件。

八、其他说明

1. 参考资料

[1] 李成勇，王本有，俞先锋. 单片机设计教程[M]. 2 版. 成都：电子科技大学出版社，2019.

[2] https://www.runoob.com/cprogramming/c-tutorial.html.

2. 参考代码

```c
#include <reg52.H>//器件配置文件
#include <intrins.h>
#include <math.h>
#include <yyxp.h>
//传感器接口
sbit RX  = P2^3;
sbit TX  = P2^2;
//按键声明
sbit S1  = P3^1;
sbit S2  = P3^2;
sbit S3  = P3^6;
sbit DIAN=P0^5;
//蜂鸣器
sbit Feng= P2^0;
//变量声明
unsigned int  time=0;
unsigned int  timer=0;
unsigned char posit=0;
unsigned long S=0;
unsigned long BJS=50;//报警距离 80CM
unsigned long current_S=0;
char num=0;
//模式 0 正常模式 1 调整
char Mode=0;
bit  flag=0;
unsigned char const discode[] =
```

```c
{0x5F,0x44,0x9D,0xD5,0xC6,0xD3,0xDB,0x47,0xDF,0xD7,0x80};
            //数码管显示码 0123456789-和不显示
unsigned char disbuff[4]={0,0,0,0};
            //数组用于存放距离信息
unsigned char disbuff_BJ[4]={0,0,0,0};//报警信息
sbit W0=P2^4;
sbit W1=P2^5;
sbit W2=P2^6;
sbit W3=P2^7;
//延时100ms(不精确)
void delay(void)
{
    unsigned char a,b,c;
    for(c=10;c>0;c--)
        for(b=38;b>0;b--)
            for(a=130;a>0;a--);
}
//按键扫描
void Key_()
{
    //+
    if(S1==0)
    {
        delay();        //延时去抖
        delay();        //延时去抖
        flag_bofang=0;
        while(S1==0)
        {
            P1=P1|0x0f;
        }
        BJS++;          //报警值加
        if(BJS>=151)    //最大151
        {
            BJS=0;
        }
    }
    //-
    else if(S2==0)
    {
        delay();
        delay();        //延时去抖
        flag_bofang=0;
        while(S2==0)
        {
            P1=P1|0x0f;
        }
        BJS--;          //报警值减
        if(BJS<=1)      //最小1
        {
            BJS=150;
        }
    }
    //功能
    else if(S3==0)      //设置键
```

```c
    {
        delay();
        delay();            //延时去抖
        flag_bofang=0;
        while(S3==0)
        {
            P1=P1|0x0f;
        }
            Mode++;         //模式加
            num=0;
        if(Mode>=2)         //加到2时清零
        {
            Mode=0;
        }
    }
}
//扫描数码管
void Display(void)
{
    //正常显示
    if(Mode==0)
    {
        num++;
        if(num==1)
        {
            W3=1;
            W0=1;
            P0=~discode[disbuff[0]];
            DIAN=0;
            W1=0;
        }
        else if(num==2)
        {
            W1=1;
            P0=~discode[disbuff[1]];
            W2=0;
        }
        else if(num>=3)
        {
            W2=1;
            P0=~discode[disbuff[2]];
            W3=0;
            num=0;
        }
    }
    //报警显示
    else
    {
        num++;
        if(num==1)
        {
            W3=1;
            P0=~0xCE;           //11001110
            W0=0;
```

```c
            }
            else if(num==2)
            {
                W0=1;
                P0=~discode[disbuff_BJ[0]];
                DIAN=0;
                W1=0;
            }
            else if(num==3)
            {
                W1=1;
                P0=~discode[disbuff_BJ[1]];
                W2=0;
            }
            else if(num>=4)
            {
                W2=1;
                P0=~discode[disbuff_BJ[2]];
                W3=0;
                num=0;
            }
        }
}
//计算
void Conut(void)
{
    time=TH0*256+TL0;          //读出 T0 的计时数值
    TH0=0;
    TL0=0;                     //清空计时器
    S=(time*1.7)/100;          //算出来是 CM

    if(Mode==0)                //非设置状态时
    {
        if((S>=700)||flag==1)  //超出测量范围显示"-"
        {
            Feng=0;            //蜂鸣器报警
            flag=0;
            disbuff[0]=10;     //"-"
            disbuff[1]=10;     //"-"
            disbuff[2]=10;     //"-"
        }
        else
        {
            //距离小于报警距
            if(S<=BJS)
            {
                Feng=0;        //报警
            }
            else               //大于
            {
                Feng=1;        //关闭报警
            }
            disbuff[0]=S%1000/100;    //将距离数据拆成单个位赋值
            disbuff[1]=S%1000%100/10;
```

```c
            disbuff[2]=S%1000%10 %10;
        }
    }
    else
    {
        Feng=1;
        disbuff_BJ[0]=BJS%1000/100;
        disbuff_BJ[1]=BJS%1000%100/10;
        disbuff_BJ[2]=BJS%1000%10 %10;
    }
}
//定时器0
void zd0() interrupt 1           //T0中断用来计数器溢出,超过测距范围
{
    flag=1;                      //中断溢出标志
}
//定时器1
void zd3() interrupt 3 //T1中断用来扫描数码管和计800MS启动模块
{
    TH1=0xf8;
    TL1=0x30;                    //定时2ms
    Key_();                      //扫描按键
    Display();                   //扫描显示
    timer++;                     //变量加
    if(timer>=400)               //400次就是800ms
    {
        timer=0;
        TX=1;                    //800MS 启动一次模块
        _nop_();
        _nop_();
        _nop_();
        _nop_();
        _nop_();
        _nop_();
        _nop_();
        _nop_();
        _nop_();
        _nop_();
        _nop_();
        _nop_();
        _nop_();
        _nop_();
        _nop_();
        _nop_();
        _nop_();
        _nop_();
        _nop_();
        TX=0;
    }
}
//主函数
void main(void)
```

```
{
    TMOD=0x11;              //设 T0 为方式 1，GATE=1;
    TH0=0;
    TL0=0;
    TH1=0xf8;               //2MS 定时
    TL1=0x30;
    ET0=1;                  //允许 T0 中断
    ET1=1;                  //允许 T1 中断
    TR1=1;                  //开启定时器
    EA=1;                   //开启总中断
    while(1)
    {
        while(!RX);         //当 RX 为零时等待
        TR0=1;              //开启计数
        while(RX);          //当 RX 为 1 计数并等待
        {
            TR0=0;          //关闭计数
            flag_bofang=1;
        }
        Conut();            //计算
        if(Mode==0)
        {
            if(abs(S-current_S)>=2)
            {
                current_S=S;
                bofang(Feng,disbuff);
            }
        }
    }
}
```

实验二十九　烟雾火灾报警器设计

实验二十九
烟雾火灾报警器
设计

一、设计目的

(1) 掌握单片机定时器/计数器的模式、初值等设计方法。
(2) 掌握单片机中断系统结构、中断服务程序、串口通信的设计方法。
(3) 掌握单片机人机交互接口的设计方法，包括按键、显示、超声波等外设电路的设计方法。
(4) 熟悉模块化程序设计方法，以及单片机应用系统的设计思路和设计方法。
(5) 具备单片机系统硬件电路设计、软件程序综合调试能力。
(6) 培养思考、分析和解决问题的能力。

二、设计原始资料或素材

(1) DS18B20 中文资料。
(2) LCD1602 液晶中文资料。
(3) DC 电源插口图。

(4) MQ 传感器接法图。
(5) 风扇资料。
(6) 各种电阻、贴片、可调电阻焊接方法图。
(7) 供电方式图。
(8) 继电器资料。
(9) 轻触按键资料。
(10) 三极管资料。

三、设计内容

本设计以 C51 为主控芯片的烟雾火灾报警器，其硬件部分由单片机主控器电路、烟雾探测电路的设计、液晶显示电路设计、声光报警提示电路、温度采集电路、按键电路组成，软件部分由程序主函数、初始化程序、显示程序、烟雾探测程序、温度采集程序、按键子程序组成，通过这些传感器和芯片，当环境中可燃气体浓度或温度等发生变化时系统会发出相应的灯光报警信号和声音报警信号，以此来实现火灾报警，智能化提示。

主要任务：
(1) 论述课题的背景及意义。
(2) 设计方案的选择和方案说明。
(3) 设计并绘制电路原理图。
(4) 根据设计方案制作设计作品。
(5) 调试电路并进行必要的修改。
(6) 撰写报告。

四、设计要求

(1) 以题目为中心，收集相关专业资料。
(2) 该设计采用 C51 芯片实现温度、烟雾信息的采集和显示功能，DS18B20 温度传感器采集温度、MQ-2 烟雾传感器或 MQ-5 可燃气体传感器采集烟雾信息、LCD1602 液晶显示。
(3) 设计主要功能有实时显示当前的烟雾值和温度值；温度和烟雾的报警值可以通过按键设定；当前温度值超过上限时，红灯亮，蜂鸣器响；当前烟雾值超过上限时，黄灯亮，蜂鸣器响。
(4) 依据需求可扩展实现四个按键功能：减、设置、加、单独的复位按键。
(5) 运用 C 语言实现软件相关功能。
(6) 焊接并完成作品调试。

五、设计步骤要点

火灾报警器，主要检测温度和烟雾，再通过单片机控制相应的报警和驱动负载。通过液晶显示当前的烟雾值和温度值，通过按键设定相应的阈值。
(1) 火情探测功能：为了提高火灾报警的准确性和及时性，火灾报警系统需要使用各种方法进行火灾探测。在实际使用中,根据不同的防火场所,用户可以选用温度探测法、可燃气体检测法及烟雾探测法等合适的火灾探测方法,来有效的探测火灾。

(2) 灯光报警功能:当室内烟雾浓度过大、有火情产生、故障等异常情况发生时,报警器要进行灯光报警。当烟雾超过最大设定值时,可以蜂鸣器报警。

该设计主要完成的任务如下。

(1) 硬件部分:包括传感器的选择,显示模块的选择,烟雾信号转换电路的设计,报警驱动电路的设计。

(2) 软件部分:包括微处理器控制程序的编制和原理图的绘制。

(3) 系统的综合调试与分析:在软硬件完成以后,要对系统进行综合的测试与实验,分析系统的可靠性与实用性,调整系统的不足。

本设计主要由烟雾探测传感器电路、单片机、灯光报警电路、负载驱动电路、控制程序和编解码程序等组成。主要硬件结构如图 29-1 所示。

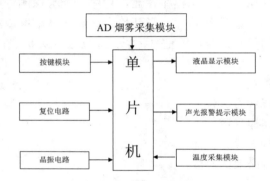

图 29-1　实验二十九的系统硬件结构图

参考硬件原理图如图 29-2 所示。

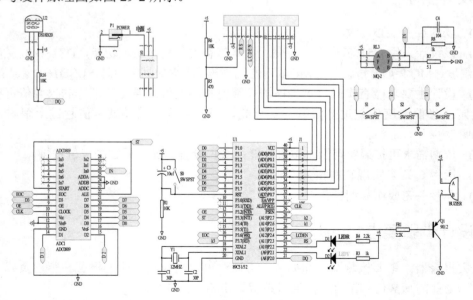

图 29-2　实验二十九的参考硬件原理图

参考仿真电路图如图 29-3 所示。

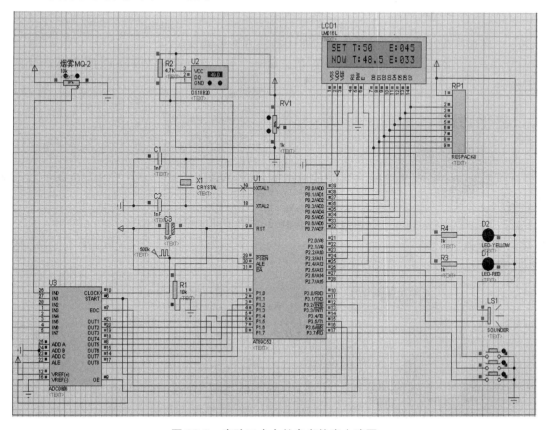

图 29-3　实验二十九的参考仿真电路图

实时显示当前的烟雾值和温度值，共有 2 个报警值(可以通过按键设定)，分别是温度的上限和烟雾的上限报警值，当烟雾超过的时候红灯和蜂鸣器声光报警，当温度超过时候黄灯和蜂鸣器声光报警。

六、主要技术的关键性分析或重要提示

在了解这个系统的工作原理以及功能之后，就可以基本确定系统的技术要求。系统采用的单片机处理器成本都比较低，可以满足批量生产和各类工程的需求。对于完整的一个系统而言，为提高市场的竞争力，这个系统应符合体积小、功耗低、数传性能可靠和成本低廉等技术要求。具体指标和参数如下。

(1) 体积小：探测器的体积要尽可能地小，这样占用的空间才会少，使用和更换才会方便。

(2) 功耗低：系统可以采用三节 5 号干电池供电或 5V 电源供电。

(3) 可靠性高：由于不确定的电磁干扰可能存在在系统工作环境中，为了保证系统长时间的可靠工作，以及减少误报次数，所以选择多指示灯，指示不同的状态。

七、所需仪器设备

硬件环境：学生自带笔记本电脑、普中科技开发板或耗材。

软件工具：Keil 编程软件、Proteus 仿真软件、开发板 USB 转串口 CH340 驱动软件、烧写软件。

八、其他说明

1. 参考资料

[1] 李成勇，王本有，俞先锋. 单片机设计教程[M]. 2 版. 成都：电子科技大学出版社，2019.

[2] https://www.runoob.com/cprogramming/c-tutorial.html.

2. 参考代码

```c
//程序头函数
#include <reg52.h>
#include <math.h>
//宏定义
#define uint unsigned int
#define uchar unsigned char
//显示函数
#include <display.h>
//显示函数display.h在工程里,也可鼠标选中左边右键open document <display.h>
#include <intrins.h>
#include "eeprom52.h"
#define Data_ADC0809 P1       //定义P1口为Data_ADC0809（之后的程序里Data_ADC0809即代表P1口）
//管脚声明
sbit LED_wendu= P2^2;         //温度报警灯
sbit LED_yanwu= P2^1;         //烟雾报警灯
sbit FENG= P2^5;              //蜂鸣器接口
sbit DQ = P2^0;               //ds18b20的数据引脚
//ADC0809
sbit ST=P3^3;
sbit EOC=P3^6;
sbit OE=P3^2;
//按键
sbit Key1=P2^6;               //设置键
sbit Key2=P2^7;               //加按键
sbit Key3=P3^7;               //减按键
signed char w;                //温度值全局变量
uint c;                       //温度值全局变量
//气体浓度变量
int temp=0;                   //用于读取ADC数据
int ZERO=0;
char sec=20;                  //开机初始化的时间
uchar yushe_wendu=50;         //温度预设值
uchar yushe_yanwu=45;         //烟雾预设值
```

```c
//按钮模式|
uchar Mode=0;                    //=1 是设置温度阈值  =2 是设置烟雾阈值
//函数声明
extern uchar ADC0809();
extern void Key();
void delay(uint z)               //延时函数大约延时 z ms
{
    uint i,j;
    for(i=0;i<z;i++)
    for(j=0;j<121;j++);
}
/**把数据保存到单片机内部 eeprom 中**/
void write_eeprom()
{
    SectorErase(0x2000);
    byte_write(0x2000, yushe_wendu);
    byte_write(0x2001, yushe_yanwu);
    byte_write(0x2002, ZERO);
    byte_write(0x2060, a_a);
}
/***把数据从单片机内部 eeprom 中读出来***/
void read_eeprom()
{
    yushe_wendu  = byte_read(0x2000);
    yushe_yanwu  = byte_read(0x2001);
    ZERO         = byte_read(0x2002);
    a_a          = byte_read(0x2060);
}
/***开机自检 eeprom 初始化***/
void init_eeprom()
{
    read_eeprom();              //先读
    if(a_a != 1)                //新的单片机初始单片机内间 eeprom
    {
        yushe_wendu=50;
        yushe_yanwu=45;
        ZERO=0;
        a_a = 1;
        write_eeprom();         //保存数据
    }
}
/***延时子程序：该延时主要用于 ds18b20 延时***/
void Delay_DS18B20(int num)
{
    while(num--) ;
}
/*****初始化 DS18B20*****/
void Init_DS18B20(void)
{
    unsigned char x=0;
    DQ=1;                       //DQ 复位
    Delay_DS18B20(8);           //稍做延时
    DQ = 0;                     //单片机将 DQ 拉低
    Delay_DS18B20(80);          //精确延时，大于 480us
```

```c
        DQ = 1;                    //拉高总线
        Delay_DS18B20(14);
        x = DQ;
        //稍做延时后,如果 x=0 则初始化成功,x=1 则初始化失败
        Delay_DS18B20(20);
}
/***读一个字节***/
unsigned char ReadOneChar(void)
{
    unsigned char i=0;
    unsigned char dat = 0;
    for (i=8;i>0;i--)
    {
        DQ = 0;                    //给脉冲信号
        dat>>=1;
        DQ = 1;                    //给脉冲信号
        if(DQ)
        dat|=0x80;
        Delay_DS18B20(4);
    }
    return(dat);
}
/***写一个字节***/
void WriteOneChar(unsigned char dat)
{
    unsigned char i=0;
    for (i=8; i>0; i--)
    {
        DQ = 0;
        DQ = dat&0x01;
        Delay_DS18B20(5);
        DQ = 1;
        dat>>=1;
    }
}
/***读取温度***/
unsigned int ReadTemperature(void)
{
    unsigned char a=0;
    unsigned char b=0;
    unsigned int t=0;
    float tt=0;
    Init_DS18B20();
    WriteOneChar(0xCC);         //跳过读序号列号的操作
    WriteOneChar(0x44);         //启动温度转换
    Init_DS18B20();
    WriteOneChar(0xCC);         //跳过读序号列号的操作
    WriteOneChar(0xBE);         //读取温度寄存器
    a=ReadOneChar();            //读低 8 位
    b=ReadOneChar();            //读高 8 位
    t=b;
    t<<=8;
    t=t|a;
    tt=t*0.0625;
```

```
    t= tt*10+0.5;           //放大 10 倍输出并四舍五入
    return(t);
}
/*****读取温度*****/
void check_wendu(void)
{
    c=ReadTemperature()-5;
    //获取温度值并减去 DS18B20 的温漂误差
    if(c<0)   c=0;
    if(c>=999) c=999;
}
//ADC0809 读取信息
uchar ADC0809()
{
    uchar temp_=0x00;       //初始化高阻态
    OE=0;                   //转化初始化
    ST=0;                   //开始转换
    ST=1;
    ST=0;                   //外部中断等待 AD 转换结束
    while(EOC==0)           //读取转换的 AD 值
    OE=1;
    temp_=Data_ADC0809;
    OE=0;
    return temp_;
}
void Key()
{
    //模式选择
    if(Key1==0)             //设置按键
    {
        delay(20);
        if(Key1==0)
        {
            FENG=0;         //蜂鸣器响
            delay(100);
            FENG=1;         //蜂鸣器关
            if(Mode>=3) Mode=0;
            else
            {
                write_com(0x0f);//打开显示 无光标 光标闪烁
                Mode++;     //模式加一
                switch(Mode)    //判断模式的值
                {
                    case 1:
                    {
                        write_com(0x80+7);  //为 1 时 温度阈值的位置闪烁
                        break;              //执行后跳出 switch
                    }
                    case 2:
                    {
                        write_com(0x80+15);//为 2 时 烟雾阈值的位置闪烁
                        break;
                    }
                    case 3:                 //当模式加到 3 时
```

```c
                    {
                        write_com(0x0c);        //打开显示 无光标 无光标闪烁
                        Mode=0;                 //模式清零
                        break;
                    }
                }
            }
        while(Key1==0);
        }
    }
    if(Key2==0&&Mode!=0)            //加按键只有在模式不等于0时有效
    {
        delay(20);
        if(Key2==0&&Mode!=0)
        {
            FENG=0;                 //蜂鸣器响
            delay(100);
            FENG=1;                 //蜂鸣器关
            switch(Mode)            //加按键按下时 判断当前模式
            {
                case 1:             //模式为1时
                {
                    yushe_wendu++;          //预设温度值(阈值)加1
                    if(yushe_wendu>=99)     //当阈值加到大于等于99时
                    yushe_wendu=99;         //阈值固定为99
                    write_com(0x80+6);
                    //选中阈值在1602上显示的位置
                    write_data(0x30+yushe_wendu/10);
                    //将阈值数据分解开送入液晶显示
                    write_data(0x30+yushe_wendu%10);
                    write_com(0x80+7);
                    write_eeprom();         //保存数据
                    break;
                }
                case 2:
                {
                    yushe_yanwu++;          //同温度阈值设置
                    if(yushe_yanwu>=255)
                    yushe_yanwu=255;
                    write_com(0x80+13);
                    write_data(0x30+yushe_yanwu/100);
                    write_data(0x30+yushe_yanwu%100/10);
                    write_data(0x30+yushe_yanwu%10);
                    write_com(0x80+15);
                    write_eeprom();         //保存数据
                    break;
                }
            }
        }
        while(Key2==0);
    }
    if(Key3==0&&Mode!=0)
    {
        delay(20);
```

```c
        if(Key3==0&&Mode!=0)
        {
            FENG=0; //蜂鸣器响
            delay(100);
            FENG=1; //蜂鸣器关
            switch(Mode)
            {
                case 1:
                {
                    yushe_wendu--;              //预设温度值减1
                    if(yushe_wendu<=0)
                    yushe_wendu=0;
                    write_com(0x80+6);
                    write_data(0x30+yushe_wendu/10);
                    write_data(0x30+yushe_wendu%10);
                    write_com(0x80+7);
                    write_eeprom();             //保存数据
                    break;
                }
                case 2:
                {
                    yushe_yanwu--;              //预设烟雾值减1
                    if(yushe_yanwu<=0)
                    yushe_yanwu=0;
                    write_com(0x80+13);
                    write_data(0x30+yushe_yanwu/100);
                    write_data(0x30+yushe_yanwu%100/10);
                    write_data(0x30+yushe_yanwu%10);
                    write_com(0x80+15);
                    write_eeprom();             //保存数据
                    break;
                }
            }
            while(Key3==0);
        }
    }
    if(Key2==0&&Key3==0&&Mode==0)
    {
        delay(1000);
        if(Key2==0&&Key3==0&&Mode==0)
        {
            FENG=0;          //蜂鸣器响
            delay(200);
            FENG=1;  //蜂鸣器关
            ZERO=temp;
            while(Key2==0&&Key3==0);
            write_eeprom();                     //保存数据
        }
    }
}
void init()     //初始化函数
{
    TMOD=0x01; //工作方式
    TL0=0xb0;
```

```c
    TH0=0x3c;    //赋初值(12MHz 晶振的 50ms)
    EA=1;                              //打开中断总开关
    ET0=1;                             //打开中断允许开关
    TR0=1;                             //打开定时器开关
}
/*****主函数*****/
void main()
{
    check_wendu();                     //初始化时调用温度读取函数防止开机 85°C
    Init1602_init();                   //1602 初始化
    init();
    while(sec+1)
    {
        write_com(0x80+0x40+13);
        write_data(sec/10+0x30);
        write_data(sec%10+0x30);
    }
    Init1602();                        //调用初始化显示函数
    init_eeprom();                     //开始初始化保存的数据
    EA=0;
    while(1)                           //进入循环
    {
        if(Mode==0)//只有当模式为 0 时才会执行以下的阈值判断部分
        {
            temp=ADC0809();            //读取烟雾值
            check_wendu();             //读取温度值
            if(c>=(yushe_wendu*10))
            {
                delay(500);
                check_wendu();         //读取温度值
            }
            Display_1602(yushe_wendu,yushe_yanwu,c,temp,ZERO);
            //显示预设温度,预设烟雾,温度值,烟雾值
            if(temp-ZERO>=yushe_yanwu)       //烟雾值大于等于预设值时
            {
                LED_yanwu=0;           //烟雾指示灯亮
                FENG=0;                //蜂鸣器报警
            }
            else                       //烟雾值小于预设值时
            {
                LED_yanwu=1;           //关掉报警灯
            }
            if(c>=(yushe_wendu*10))
            //温度大于等于预设温度值时(为什么是大于预设值*10:
                因为我们要显示的温度是有小数点后一位,是一个 3 位数,
                25.9°C 时实际读的数是 259,所以判断预设值时将预设值*10)
            {
                FENG=0;                //打开蜂鸣器报警
                LED_wendu=0;           //打开温度报警灯
            }
            else                       //温度值小于预设值时
            {
                LED_wendu=1;           //关闭报警灯
```

```c
            }
            if((temp-ZERO<yushe_yanwu)&&(c<(yushe_wendu*10)))
            //当烟雾小于预设值并且温度也小于预设值时 (&&：逻辑与，左右两边的表达式
              都成立(都为真，也就是1)时，该if语句才成立)
            {
                FENG=1;                   //停止报警
            }
        }
        Key();                            //调用按键函数   扫描按键
    }
}
void time1_int(void) interrupt 1   //定时器函数
{
    uchar count;
    TL0=0xb0;
    TH0=0x3c;                             //重新赋初值
    count++;                              //计时变量加
    if(count>=20)
//计数到20时，正好是1000ms，就是1s，这里就是让灯灭，蜂鸣器不响，从而做出闪烁的效果
    {
        count=0;  //计到1s时，将count清零，准备重新计数
        if(sec>=0)
        sec--;
    }
}
```

实验三十 自动浇水系统设计

实验三十
自动浇水系统
设计

一、设计目的

(1) 掌握单片机定时器/计数器的模式、初值等设计方法。
(2) 掌握单片机中断系统结构、中断服务程序、串口通信的设计方法。
(3) 掌握单片机人机交互接口的设计方法，包括按键、显示、超声波等外设电路的设计方法。
(4) 熟悉模块化程序设计方法，以及单片机应用系统的设计思路和设计方法。
(5) 具备单片机系统硬件电路设计、软件程序综合调试能力。
(6) 培养思考、分析和解决问题的能力。

二、设计原始资料或素材

(1) 1602液晶资料。
(2) DC电源插口图。
(3) 各种电阻、贴片、可调电阻焊接方法图。
(4) 供电方式图。
(5) 轻触按键资料。

(6) 三极管资料。
(7) 上拉排阻资料。
(8) 自锁开关资料。
(9) 风扇资料。
(10) 继电器资料。

三、设计内容

本设计以 C51 为主控芯片的自动控制浇花系统，能够在无人管理的情况下，有效地防止花木枯死，其硬件部分由单片机主控器电路、湿度采集电路、显示电路以及浇水驱动电路、报警电路组成，软件部分由程序主函数、初始化程序、显示程序、湿度检测程序、按键子程序组成，实现给盆花土壤湿度进行检测，并且自动浇水。

主要任务：
(1) 论述课题的背景及意义；
(2) 设计方案的选择和方案说明；
(3) 设计并绘制电路原理图；
(4) 根据设计方案制作设计作品；
(5) 调试电路并进行必要的修改；
(6) 撰写报告。

四、设计要求

(1) 以题目为中心，收集相关专业资料。
(2) 该设计采用 C51 芯片实现能够检测土壤的湿度，实时显示到 LCD1602 液晶屏上，显示当前测量湿度和报警的上限和下限阈值。
(3) 按键可设置上限、下限值，低于下限报警并启动水泵浇水并报警，高于上限停止浇水。
(4) 采用继电器驱动微型潜水泵，继电器优点就是可以驱动更大电流的负载，方便更换，实用性更强。
(5) 根据不同的土壤，能够合理地调整浇水要求，通过 ADC0832 将土壤湿度传感器检测到的模拟量信号转换成数字量信号给单片机，单片机控制 LCD 1602 液晶显示出当前的湿度百分比。
(6) 运用 C 语言实现软件相关功能。
(7) 焊接并完成作品调试。

五、设计步骤要点

本次设计是一个采用 STC89C52 单片机为核心的微控制浇水系统，系统主要实现自动浇水和能够根据实际情况设定完成手动控制这两种功能。电路主要可以分成土壤湿度检测显示和控制水泵浇灌两个模块，以液晶显示器和 A/D 模数转换器组作为显示电路，浇水电路利用电磁阀驱动水泵工作来完成。本次设计包括 STC89C52 单片机及基本外围电路模块、显示电路模块、按键电路模块、继电器电路模块、电源电路模块等部分组成。本系统的设计将以上述内容为思路、以单片机为控制核心,设计出一个持续地、有效地为花木浇水的系统,解决无人管理情况下花木枯萎死亡的尴尬情况。

自动浇花系统,主要就是检测土壤湿度。通过土壤湿度传感器检测土壤湿度,把检测到的值传送到 A/D 模数转换器中,结束转换后数值反馈给单片机,单片机读取数据,经过软件程序处理后传送到 LCD1602 显示信息。控制水泵灌溉部分分为智能和手动两部分。其智能部分是通过单片机程序设计浇水的上、下限值与电路送入单片机的土壤湿度值相比较,当低于下限值时,单片机输出一个信号控制电磁阀打开驱动水泵浇水,高于上限值时再由单片机输出一个信号使电磁阀关闭停止水泵浇水。手动部分是通过关闭单片机电源,由外围电路供电进行浇灌。

该设计主要包括以下部分。

(1) 硬件部分:包括传感器的选择、显示模块的选择、A/D 模数转换器的选择、继电器的选择和土壤湿度信号转换电路的设计。

(2) 软件部分:包括微处理器控制程序的编写、原理图的绘制和电路仿真。

(3) 系统的综合调试与分析:在软硬件完成以后,要对系统进行综合的测试与实验,分析系统的可靠性与实用性,调整系统的不足之处。

主要硬件结构参考电路图如图 30-1 所示。

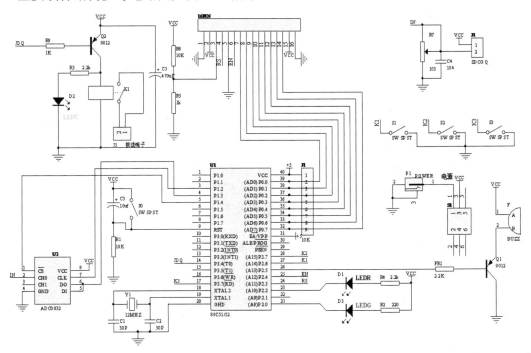

图 30-1 实验三十的参考硬件原理图

土壤湿度检测及自动浇灌模块的程序结构是主程序以及按键扫描处理、土壤湿度数据采集、数据处理与显示、电机驱动等子程序组成,如图 30-2 所示。

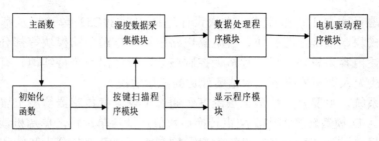

图 30-2 实验三十的程序结构图

六、主要技术的关键性分析或重要提示

1. 设计方案的提出

方案一：此方案的设计是以核心控制软件 AT89C52 单片机，LCD12864 液晶显示器，ADC0809 模数转换器，FC-28 土壤湿度传感器，SRD-05VDC-SL-C 继电器主要元件构成，电路其他元器件的选择没有太大区别。

方案二：此方案的设计是以 STC89C51 为核心控制软件，LCD12864 液晶显示器，ADC0832 模数转换器，FC-28 土壤传感器，SRD-05VDC-SL-C 继电器等主要元器件构成。

方案三：此方案的设计是以 STC89C52 为核心控制软件，LCD1602 液晶显示器，ADC0832 模数转换器，YL-69 土壤湿度传感器，SRD-05VDC-SL-C 继电器等主要元件构成。

2. 设计方案的比较

方案一：其中 AT 系列的单片机的程序下载方式不太方便，且 LCD12864 液晶显示器虽说不影响电路功能，但是根据设计简单实用可操作性强的思想不能物尽其用。ADC0809 速度比较快，但是其外围电路复杂，市场价格比较高。

方案二：其中 STC 系列单片机下载程序方式较之 AT 系列单片机比较简单，但是 SCT89C51 单片机的空间较小，可能没有足够的空间去操作，ADC0832 虽然速度比不上 ADC0809，但是其外围电路简单，性价比高。

方案三：其中 STC89C52 比 STC89C51 单片机的空间大了一倍，且程序下载方式简单易操作，LCD1602 的功能能够满足本次设计的需求，且物尽其用，市场价格不贵，YL-69 和 FC-28 两者相比功能没有太大差别，且价格相差不大。

七、所需仪器设备

硬件环境：学生自带笔记本电脑、普中科技开发板或耗材；

软件工具：Keil 编程软件、Proteus 仿真软件、开发板 USB 转串口 CH340 驱动软件、烧写软件。

八、其他说明

1. 参考资料

[1] 李成勇，王本有，俞先锋. 单片机设计教程[M]. 2 版. 成都：电子科技大学出版

社，2019.

[2] https://www.runoob.com/cprogramming/c-tutorial.html.

2. 参考程序的代码

```c
//程序头函数
#include <reg52.h>
#include <intrins.h>        //包含头文件
//显示函数
#include <display.h>
#include "eeprom52.h"
//宏定义
#define uint unsigned int
#define uchar unsigned char
//管脚声明
sbit LED_R= P2^2;           //红色指示灯
sbit LED_G= P2^0;           //绿色指示灯
sbit FENG = P2^5;           //蜂鸣器
sbit CS   = P1^4;
sbit Clk  = P1^2;
sbit DATI = P1^3;
sbit DATO = P1^3;           //ADC0832 引脚
sbit san=P3^4;              //继电器
//按键
sbit Key1=P2^6;
sbit Key2=P2^7;
sbit Key3=P3^7;
/***定义全局变量***/
unsigned char dat = 0;      //AD 值
unsigned char CH=0;         //通道变量
unsigned int sum=0;         //平均值计算时的总数
unsigned char m=0;
bit bdata flag;             //定义位变量
uchar set;                  //设置变量
uchar full_range=153;       //满量程 AD 数值
//函数声明
extern void Key();
uint temp=0;//湿度值变量
char MH=80,ML=20;           //上下限变量
/******把数据保存到单片机内部eeprom中*****/
void write_eeprom()
{
    SectorErase(0x2000);
    byte_write(0x2000, MH);
    byte_write(0x2001, ML);
    byte_write(0x2060, a_a);
}
/*****把数据从单片机内部eeprom中读出来*****/
void read_eeprom()
{
    MH  = byte_read(0x2000);
    ML  = byte_read(0x2001);
    a_a = byte_read(0x2060);
}
```

```c
/*****开机自检eeprom初始化*****/
void init_eeprom()
{
    read_eeprom();              //先读
    if(a_a != 1)                //新的单片机初始单片机内间eeprom
    {
        MH = 80;
        ML = 20;
        a_a = 1;
        write_eeprom();         //保存数据
    }
}

/*函数功能:AD转换子程序
入口参数:CH
出口参数:dat*/
unsigned char adc0832(unsigned char CH)
{
    unsigned char i,test,adval;
    adval = 0x00;
    test = 0x00;
    Clk = 0;                    //初始化
    DATI = 1;
    _nop_();
    CS = 0;
    _nop_();
    Clk = 1;
    _nop_();
    if ( CH == 0x00 )           //通道选择
    {
        Clk = 0;
        DATI = 1;               //通道0的第一位
        _nop_();
        Clk = 1;
        _nop_();
        Clk = 0;
        DATI = 0;               //通道0的第二位
        _nop_();
        Clk = 1;
        _nop_();
    }
    else
    {
        Clk = 0;
        DATI = 1;               //通道1的第一位
        _nop_();
        Clk = 1;
        _nop_();
        Clk = 0;
        DATI = 1;               //通道1的第二位
        _nop_();
        Clk = 1;
        _nop_();
    }
    Clk = 0;
    DATI = 1;
```

```c
    for( i = 0;i < 8;i++ )          //读取前 8 位的值
    {
        _nop_();
        adval <<= 1;
        Clk = 1;
        _nop_();
        Clk = 0;
        if (DATO)
        adval |= 0x01;
        else
        adval |= 0x00;
    }
    for (i = 0; i < 8; i++)         //读取后 8 位的值
    {
        test >>= 1;
        if (DATO)
        test |= 0x80;
        else
        test |= 0x00;
        _nop_();
        Clk = 1;
        _nop_();
        Clk = 0;
    }
    if (adval == test)
    //比较前 8 位与后 8 位的值,如果不相同舍去。若一直出现显示为零,请将该行去掉
    dat = test;
    nop_();
    CS = 1;                         //释放 ADC0832
    DATO = 1;
    Clk = 1;
    return dat;
}
void init()                         //定时器初始化函数
{
    TMOD=0x01;                      //定时器工作方式
    TL0=0xb0;
    TH0=0x3c;                       //赋初值 50ms
    EA=1;                           //打开中断总开关
    ET0=1;                          //打开定时器 0 中断允许开关
    TR0=1;                          //打开定时器 0 定时开关
}
void main()                         //主函数
{
    Init1602();                     //初始化液晶函数
    init();                         //初始化定时器
    init_eeprom();   //开始初始化保存的数据
    while(1)                        //进入循环
    {
        for(m=0;m<50;m++)           //读 50 次 AD 值
        sum = adc0832(0)+sum;
        //读到的 AD 值,将读到的数据累加到 sum
        temp=sum/50;//跳出上面的 for 循环后,将累加的总数除以 50 得到平均值 temp
        sum=0;                      //平均值计算完成后,将总数清零
        if(temp<=full_range)        //读取的 AD 数值小于满量程数值
```

```c
            temp=(temp*100)/full_range;//除以满量程数值，得到百分比
        else                    //如果大于
            temp=100;           //直接赋值100%
        if(set==0)              //set为0，说明现在不是设置状态
            Display_1602(temp,MH,ML);//显示AD数值和报警值
        if(temp<ML&&set==0)     //AD数值小于报警值
        {
            flag=1;             //打开报警
            san=0;              //打开继电器
            LED_G=1;            //绿灯熄灭
            LED_R=0;            //红灯点亮
        }
        else if(temp>MH&&set==0)//AD数值大于报警值
        {
            flag=0;             //关闭报警
            san=1;              //关闭继电器
            LED_G=0;            //绿灯点亮
            LED_R=1;            //红灯熄灭
        }
        else
        {
            flag=0;             //关闭报警
            LED_G=0;            //绿灯点亮
            LED_R=1;            //红灯熄灭
        }
        Key();                  //调用按键函数
    }
}
void Key()                      //按键函数
{
    if(Key1==0)                 //设置键按下
    {
        while(Key1==0);         //按键松开
        FENG=0;                 //蜂鸣器响
        set++;                  //设置变量加
        flag=0;                 //关闭报警
        TR0=0;                  //关闭定时器
    }
    if(set==1)                  //设置报警值时
    {
        write_com(0x80+0x40+4);//位置
        write_com(0x0f);//打开显示 无光标 光标闪烁
        FENG=1;         //关闭蜂鸣器
    }
    if(set==2)                  //设置报警值时
    {
        write_com(0x80+0x40+14);//位置
        write_com(0x0f);//打开显示 无光标 光标闪烁
        FENG=1;         //关闭蜂鸣器
    }
    else if(set>=3)             //设置完成时
    {
        set=0;          //变量清零
```

```c
        write_com(0x38);//屏幕初始化
        write_com(0x0c);//打开显示 无光标 无光标闪烁
        FENG=1;             //关闭蜂鸣器
        flag=1;             //打开报警
        TR0=1;              //打开定时器
    }
    if(Key2==0&&set!=0)             //设置报警值时加键按下
    {
        while(Key2==0);             //按键松开
        FENG=0;                     //打开蜂鸣器
        if(set==1)
        {
            MH++;                   //报警值加
            if(MH>99)               //最大加到99
            MH=ML+1;                //上限=下限+1
         write_com(0x80+0x40+3);
                                    //选中液晶屏上的第二行第3列
            write_data('0'+MH/10);
            write_data('0'+MH%10);  //显示上限数值
            write_com(0x80+0x40+4); //闪烁位置
            FENG=1;                 //关闭蜂鸣器
        }
        if(set==2)
        {
            ML++;                   //报警值加
            if(ML>=MH&&MH<99)
                    //下限值大于上限并且上限小于99时
            MH=ML+1;                //上限=下限+1
            if(ML>98)               //下限加到大于98
            ML=0;                   //下限清零
            write_com(0x80+0x40+3);
            //选中液晶屏上的第二行第3列
            write_data('0'+MH/10);
            write_data('0'+MH%10);
            write_com(0x80+0x40+13);
            //选中液晶屏上的第二行第13列
            write_data('0'+ML/10);
            write_data('0'+ML%10);
            write_com(0x80+0x40+14);//闪烁位置
            FENG=1;                 //关闭蜂鸣器
        }
        write_eeprom();             //保存数据
    }
    if(Key3==0&&set!=0)             //注释同加按键
    {
        while(Key3==0);
        FENG=0;
        if(set==1)
        {
            MH--;                       //上限值减
            if(MH<=ML&&ML>0)            //上限小于下限且下限大于0时
                ML=MH-1;                //下限=上限-1
            if(MH<1)                    //上限小于1时
                MH=99;                  //上限赋值99
```

```c
            write_com(0x80+0x40+3);       //选中液晶屏上的第二行第3列
            write_data('0'+MH/10);
            write_data('0'+MH%10);
            write_com(0x80+0x40+13);      //选中液晶屏上的第二行第13列
            write_data('0'+ML/10);
            write_data('0'+ML%10);
            write_com(0x80+0x40+4);       //闪烁位置
            FENG=1;                        //关闭蜂鸣器
        }
        if(set==2)
        {
            ML--;                          //下限值减
            if(ML<0)                       //小于0时
            ML=MH-1;                       //下限=上限-1
            write_com(0x80+0x40+13);
            //选中液晶屏上的第二行第13列
            write_data('0'+ML/10);
            write_data('0'+ML%10);
            write_com(0x80+0x40+14);       //闪烁位置
            FENG=1;                        //关闭蜂鸣器
        }
        write_eeprom();                    //保存数据
    }
}
void time1_int(void) interrupt 1           //定时器工作函数
{
    uchar count;                           //定义计时变量
    TL0=0xb0;
    TH0=0x3c;                              //重新赋初值50ms
    count++;                               //变量加一次就是50ms
    if(count==10)                          //加到10次就是500ms
    {
        if(flag==0)                        //flag=0时，也就是不开启报警
        FENG=1;                            //关闭蜂鸣器
        if(flag==1)                        //flag为1时，也就是打开报警
        FENG=0;                            //打开蜂鸣器
    }

    if(count==20)                          //计数20次，就是1s
    {   //在1s时，红绿灯都是熄灭状态，蜂鸣器也是关闭状态，可以达到闪烁的目的
        count=0;                           //变量清零
        if(flag==0)                        //不是报警状态时
        FENG=1;
        if(flag==1)                        //报警状态时
        FENG=1;
    }
}
```

参 考 文 献

[1] 李成勇. 单片机设计教程[M]. 成都：电子科技大学出版社，2018.
[2] 吴亦锋. 单片机原理与接口技术[M]. 2 版. 北京：电子工业出版社，2014.
[3] 周向红. 51 单片机应用与实践教程[M]. 北京：北京航空航天大学出版社，2018 .
[4] 郭军利，祝朝坤，张凌燕. 单片机原理及应用[M]. 北京：北京理工大学出版社，2018.
[5] 李全利. 单片机原理及接口技术[M]. 北京：高等教育出版社，2009.
[6] 陈海宴. 51 单片机原理及应用——基于 Keil C 与 Proteus[M]. 3 版. 北京：北京航空航天大学出版社，2017.
[7] 张鑫著. 单片机原理及应用[M]. 3 版. 北京：电子工业出版社，2014.
[8] 姜志海，赵艳雷，陈松. 单片机的 C 语言程序设计与应用：基于 Proteus 仿真[M]. 3 版. 北京：电子工业出版社，2015.
[9] 宗素兰. 微机原理与接口技术单片机原理及应用实验指导书[M]. 北京：人民邮电出版社，2016.